趁年轻，拼一拼

梅州 著

中国出版集团
现代出版社

图书在版编目（CIP）数据

趁年轻，拼一拼 / 梅州著. -- 北京 : 现代出版社, 2016.11
ISBN 978-7-5143-4644-2

Ⅰ. ①趁… Ⅱ. ①梅… Ⅲ. ①成功心理－通俗读物 Ⅳ. ①B848.4-49

中国版本图书馆CIP数据核字(2016)第245579号

趁年轻，拼一拼

作　　者　梅　州
责任编辑　陈世忠
出版发行　现代出版社
地　　址　北京市安定门外安华里504号
邮政编码　100011
电　　话　010-64267325　64245264
网　　址　www.xdcbs.com
电子邮箱　xiandai@cnpitc.com.cn
印　　制　河北鹏润印刷有限公司
开　　本　880mm×1230mm　32
印　　张　9.25
版　　次　2016年12月第1版　2017年10月第2次印刷
书　　号　ISBN 978-7-5143-4644-2
定　　价　36.00元

前　言

人生之乐趣就表现为不断地为生存而斗争，所谓与天斗，与人斗，与现实斗，方显其乐无穷。然而，大多数人在斗争面前，都选择了中庸的态度，只有真正的强者才能不断接受挑战、永不言败。

意志是衡量成就大小的标准。通常情况下，意志越是坚定的人，其成就越大。但是，一个人要如何拥有坚定的意志呢？最简单的方法就是执着，执着可以让你产生强大的意志力，同时还会让你身边的人因此受到感染。有这样一句话："九十九次的失败，到第一百次才获得成功，这就是坚持；坚持就是不间断地努力。"所以，执着的人最有可能把成功握在手中，因为他们的意志会让自己坚持不懈地努力。

人生无处不需要战斗，但斗争的方式方法，需要用智慧和能力进行调整。既然参与到生活的战斗中来，就要顽强地坚持下去，为自己想要得到的东西不懈地奋斗。在战斗的过程中，固然会经历挫折、打击与痛苦，但绝不能因此而放弃，因为那样一来就成了一个彻底的失败者。

很多人想要获得成功，却总是找不到途径，他们可能也尝试过几次或者很多次，但往往还没有到终点就带着抱怨放弃，其结果自然也一目了然。如果对任何事物都抱着试试看的态度，那么你所得到的必定只是失望。只有执着的人才能够获得最后的成功。文学家伏尔泰曾经说过：“想要获得成功就必须坚持到底，剑到死时不离手。”

趁年轻，拼一拼，生活中的战斗会磨炼每一个人，如果你不能成为一个强者，那么注定会被强者踩在脚下。我们不能懈怠、不能放弃、不能抱怨，而要奋勇直前，认准目标、奋力拼搏，努力为自己赢得一个美好明天。

目录
contents

第一章
人生不言败：趁年轻，拼一拼

第二章
迎着世界的质疑，做且只做你自己

第三章

任性不认命，行动是成就野心的唯一途径

第四章

风雨人生路，拼的就是高情商

第五章

把职场当战场，只为梦想去拼命

第六章

提高自身魅力，练就卓尔不群的无形利刃

第七章

世界以痛吻我，我要报之以歌

第八章

经得住诱惑，扛得住寂寞

第九章
向着目标前进，我们的征途是星辰大海

第十章
愿你与这个世界握手言和

第一章

人生不言败：趁年轻，拼一拼

成功者都是意志坚定的人

偏执源于一个人的自信，源于坚强的意志。越是偏执的人，就越容易成功。那些站在成功顶峰的人，无一不是偏执者。

认定一个目标，然后偏执地走下去，只听对目标有益的建议，不接受无意义的打击和阻碍，这恐怕是在任何一个成功者身上都能看到的“偏执者”标签。

安迪·格鲁夫，是美国尽人皆知的企业家，以出众的成就（半导体制造商英特尔的领导者）、骄人的财富和管理方面的见地最为知名。他曾经说，“只有偏执狂才能生存。我信奉偏执的力量。商业成功包含自身毁灭的种子。你越成功，就有越多的人想吃你一口，再吃你一口，直到你一无所有”。

当然了，格鲁夫口中的偏执狂并不是一种临床的病态，不是人们常常理解的固执，而是一种警觉的状态，一种集中精神。虽然偏执会带来痛苦，带来孤独，带来诸多方面的压力，但偏执也能带来力量，让你不会随风倒，不会轻易迷失。

视安迪·格鲁夫为偶像的乔布斯也是一个不折不扣的偏执狂，在当年重掌苹果时，乔布斯就曾表达过将格鲁夫视为“超级偶像”的崇敬之情。

如果没有 Macintosh 产品的诞生，一直认为计算机就该是卡车大小的人们是否会想到可以拥有一台电话簿大小的计算机呢？

而这份惊喜来自于乔布斯在设计 Macintosh 产品时，冲进会议室把一本电话簿往桌子上一扔，自顾自地对所有人说：“设计出来的 Macintosh 就应该这么大，不能让它的体积变大了，如果再加大，用户会受不了的。”

这件事情只是乔布斯执掌的苹果公司的一个案例，事实上，在苹果的产品研发中，这样的事情不胜枚举。

第一次看到 iPhone 的封装设计时，乔布斯并不满意，他告诉 iPhone 团队的成员：“我就是不喜欢这个东西。我无法说服我自己爱上这个玩意儿。而这是我们做过的最重要的产品。”

于是，他要求 iPhone 团队返工，并在最快时间拿出不同的封装设计，尽管这时已经离 iPhone 上市没有多少时间了。

乔布斯得了重病，接受治疗的时候，被打了很多镇静剂，一个肺脏医生把一个面罩放在他脸上，他愤怒地把面罩扔了下去，嘟囔着说：“我讨厌这个设计！”尽管他虚弱地几乎说不出话，但他还是要求医生们给他拿 5 个面罩过来，让他选一个设计最好的。

手术刚结束，一个朋友来医院看乔布斯。乔布斯比画着让朋友拿来纸笔，颤悠悠地写下：“我要我的 iPhone。”朋友拿来了 iPhone，乔布斯比画着给朋友演示他刷开屏幕的设计和 iPhone

简洁的菜单。

不仅如此，乔布斯对产品内部也有一种偏执的美学迷恋，他曾以“丑陋”为由拒用某块电路板，他坚持要求哪怕消费者看不到的地方，苹果产品的内部也必须美观。因为在乔布斯看来，产品的一切细节都反映出企业的精神与性格。

在风靡全球的 iPad 设计上，乔布斯因拒绝使用当时广泛应用的 Flash 而遭到外界的质疑。对此质疑，他只是简单地解释：“Adobe 太懒、Flash 太不稳定。”因为他认为 Flash 早晚会像软驱一样退出市场。

乔布斯说：“想起我会死，这帮我做那些最重要的决定。因为在死亡面前，一切来源于别人的期待、自负之心或害怕失败的尴尬都会消失，只有最重要的东西才会留下来。想到会死，我们就知道自己原来就一无所有。”

乔布斯不是技术人才，却是“一个技术标杆”。从某种程度上说，正是乔布斯偏执地追求每个细节的完美，才使苹果的产品如此赏心悦目，深受消费者的喜爱甚至追捧。而事实上，乔布斯早有言：“人这辈子没法做太多事情，所以每一件都要做到精彩绝伦。”

cnn.com 的一篇文章对他的评价很到位，“对于技术，或者股市，甚至是癌症，他都自作主张。这种性格即使他成为当今最伟大的 CEO，也使他的公司冒了很大风险。”

“乔布斯已死，世上再无苹果。”

少了乔布斯这个偏执狂，苹果失去了一位有远见和创意频出的天才。

这就是乔布斯，苹果粉丝心中的灵魂教主。然而我们不能忽视的是，正是因为乔布斯的追求完美，他的极致与偏执，才有了今天风靡世界的苹果帝国。

对于那些像乔布斯一样的成功者……偏执在他们身上，就是一种鞭策，一种激励他们走向梦想、实现梦想的试金石。在这个过程中，有不少人经受不住外界的压力和阻碍，选择在半路停下来，或者尝到一点儿甜头就无比满足，不再前进了。于是，他们离所谓的“目标梦想”越来越远，甚至背道而驰。

偏执是不按常人的思维出牌，是沉迷于一处，执迷不悟，一股劲地钻下去……这样的人，内心的激情才能像熊熊烈火，奋力燃烧着。即便在常人眼里，他们是异想天开的幻想家，甚至是疯子……但那又怎样呢？成功只会向偏执的人招手啊！

所以，我们不要去嘲笑别人的“异想天开”，而是要学习他们的偏执，学习他们执着的精神，学习他们面对嘲笑不急着去辩解、去争论，而是淡然处之、继续前进的心态。因为，时间会向所有人证明，谁才是那个笑到最后的人。

先定一个小目标

不放弃，不退缩，赢或不赢，目标就在那里；赢或不赢，都要走完全程。这就是作为一个成功者的执念。成功者的坚持，也是成功者的成功。

在工作或生活中，难免会遇到诸多困难，但只要能够沉住气，无论成败，坚持到底，就有希望战胜眼前的困难，改变不堪的现状。事实上，许多人的“坚持”只停留在纸上谈兵，缺乏实际操作，这也就造就了她们的普通，成了一个随时能被上司替换、在生活中能被克隆的普通人。

俄国化学家门捷列夫曾说过：“天才只意味着终生不懈地努力。”英国政治家迪斯雷利也说：“成功的奥秘在于坚持不懈地奔向目标。”可见，任何人的成功都绝不是偶然的。那些在成功路上沉得住气、能坚持到底的人，最终才能走到目的地。而那些一遇困难便放弃或者在困难面前立马投降的人，毫无疑问，只能沦落为一个失败者或走进人群中就找不见的普通得不能再普通的人。

作家海明威的小说《老人与海》，讲述了一个平凡的老人，在茫茫大海中经历了平凡而不平凡的经历。老人在大海中钓上了一条大马林鱼，与其斗争了三天三夜才把鱼杀死，可没想到，鲨鱼的袭击让这条大马林鱼只剩下了鱼头、鱼尾和一条脊骨。老人花费了这么长的时间，消耗了这么大的精力，最终只能获得一条鱼的一堆毫无利用价值的骨架……

当有人嘲笑老人是个十足的失败者的同时，我们不禁反思：没有捕捉到鱼，就是失败吗？可老人有敢于斗争、坚持不懈的精神，不也算成功吗？在这本小说中，老人说过这样一句话：人不是为失败而生的，一个人可以被毁灭，但不能被打败。

这真是一句经典的话。其实，每个人都应该学习或是拥有像老人、像其他成功人士身上拥有的可贵品质——不达目的誓不罢休的品质。成功与失败的差距往往仅一步之遥。在很多时候，困难和挫折把我们折磨得不像样，我们差一点儿就支撑不住了。在这时，任何一个微小的障碍都有可能将我们击垮，导致前功尽弃。但只要我们咬紧牙关坚持一下，胜利就在眼前了。

有句话说得好：“多走一步，就可以缩短一步接近成功的距离。”胜利就在前方，你的任务就是坚持，就是再多走一步。只有那些对困难和失败毫不畏惧，在挫折中能够沉得住气、勇往直前的人，才具备充沛的开创意识，才能披荆斩棘，开拓全新的人生局面。朋友们，再苦再难也要坚持下去，坚持到底就是胜利。坚持能带给我们信念，能带给我们自信，能带给我们动力。

仔细想想，在我们的一生中，我们曾经轻而易举地放弃了多少东西，现在是不是遗憾得想要撞墙，后悔不已——如果当初再坚持一下，那么结果就会完全不一样了？

可惜，世上没有后悔药。想要改变这样的局面，我们只能珍惜现在，把握现在，狠狠地逼自己一把，做一个永不言弃的人。只有懂得永不言弃的人，才能永远看到希望。

说了会赢，就一定要赢

如果把大环境比作牌局，那么拿到了一副好牌，是不是就意味着赢了？如果拿到了一副坏牌，是不是就意味着会输？未必！无论你拿到什么样的牌，都得看你如何出牌，看你有没有想赢的欲望和敢赢的心。

在每一个人的身上，都有着不同程度的信念，甚至我们因为忙碌忽略了信念。只要我们善于运用信念，那它就是一股取之不尽的力量源泉。当然了，信念还需要行动来贯彻，源泉也需要开凿。如果一个人怀抱着一生的信念，却只是守株待兔，等待着天上掉馅饼，那最多只是个空想主义者，毫无成就可言。这就好像是，你拿着一张地图指着某个城市说，我想去这里，但无论你说多久，多想去，你不付出行动，那就永远到达不了。

成功与否取决于信念坚定的程度。倘若信念动摇了，那野心也会随之动摇，从而荡然无存。只有坚定信念的人，才会拥有玫瑰的芬芳，夺取胜利的桂冠，创造出奇迹。

有一个美国年轻人，他在很小的时候，就有一个大大的梦想：梦想自己成为一名出色的赛车手。

长大之后，他去军队服役，并在那里学会了开卡车。退役之后，他找到一份在农场开车的工作。工作之余，他参加了一支业余赛车队的技能训练。他非常喜欢赛车，只要有机会，他就会想尽一切办法去参加赛车。起初，他很难得到好的名次，赛车使得他负债累累。

终于有一年，他参加了威斯康星州的赛车比赛。当赛程进行到一半多的时候，他位列第三，此时，他有很大的希望，取得这次比赛的好名次。然而，突然间，在他前面的两辆赛车发生了相撞事故，即使他已经迅速地转动赛车的方向盘，试图避开这两辆赛车，但终因车速过快，避之不及。最终，他撞到了车道旁的墙壁上，赛车也在燃烧中停止行驶。当他被救出来的时候，体表烧伤面积达 40%，手被烧伤，鼻子都被烧掉了。之后，医生给他做了长达 7 个小时的手术，他才从死神的手中挣脱出来。尽管命保住了，他的手却萎缩得像鸡爪一样。医生告诉他：“你的赛车生涯或许要终止了。”

然而，他并没有因此陷入绝望，而是决定进行一系列植皮手术。为了恢复手指的灵活性，每天他都不停地练习，用手指的残余部分去抓木条。有时，疼痛使他浑身大汗淋漓，但他仍然坚持着。在做完最后一次手术之后，他回到了农场，用开推土机的办法，使自己的手掌重新磨出老茧，让自己可以继续练习赛车。

9 个月之后，他重新返回了赛场！第一场车赛是一场公益性赛车比赛，他的车在中途意外地熄了火。第二次车赛，他取得了第二名的成绩。

第三次车赛，仍是在上次发生事故的那个赛场上，他经过一番激烈的角逐，最终赢得了 250 英里比赛的冠军。当他第一次以冠军的姿态，面对热情的观众时，他激动得难以自制。一个记者问他：“你在遭受那次沉重的打击之后，是什么力量使你重新振作起来的呢？”

此时，他拿着一张此次比赛的招贴图片，图片上面是一辆迎着朝阳飞驰的赛车。他没有立刻回答，而只是微笑着在图片的背后，写了这样一句话：“把失败写在背面，我相信自己一定能成功！”

他就是美国传奇赛车手吉米·哈里波斯。

相信自己，愈挫愈勇，内心就会升腾起一股勇往直前的勇气，只要相信自己能赢，就一定能赢！这是吉米·哈里波斯成功的特质！这种精神值得每一个人学习！只要我们敢想，我们就会发现每个人都有赢的可能。只要你勇往直前，敢于去拼，生命中就没有什么是不可战胜的。那么，我们应该从哪些方面来学习这种精神呢？

我们要大声地告诉自己：我不需要标签

在生活或工作中，我们要尽量避免自己被贴上各种各样的标签。比如：“我是一个容易恐惧的人”“我很脆弱”“我内心不够强大”等。通常，这些标签仅仅是来自过去或代表某一时刻的表现而已，并不是评判一个人的标准。如果我们不明白这一点，过于暗示自己拥有某些标签，那标签就会内化为我们的一部分，开始接管和操控我们。此外，你还可以不停地暗示自己：“你一定可以！你一定可以赢。”时间一长，自然你就赢得了胜利。

让你的身体做领路人

第一次面临某项未知的挑战时，采取行动会比较艰难。比如：旅行度假，你第一次到山上滑雪时；作为老板，你第一次给员工讲话；作为代表，第一次参加辩论赛……在这些情形下，你不需要去犹豫，去挣扎，认为自己一定做不好，而是要让身体成为领路人，直接采取针对性的行动。要么通过感受，调动和增强身体的能量来缓解自身的紧张，这些都可以更好地解决问题。

增加自己的勇气值

一个人从小到大，勇气、自信等也是一个不断增长的过程。这就像玩游戏通关一样，难题之一就是你的勇气值或自信值。当你遇到某件难题时，你攻克了，那你的勇气值就会增加。如果失败了，你的勇气值就化为乌有。我们能做的，就是不停地增加勇气值。这样，我们才能在更大的难题中，发挥出自己最大的能量。

你有信仰就年轻

信仰带有情感色彩，顾名思义就是因为信奉而敬仰。信奉而敬仰的对象可以是某种主张、主义、宗教或某人。这种信奉而敬仰逐渐升华为一种坚守与克制。瑞典诗人托马斯·特朗斯特罗姆说过：“人总要相信些什么，才不会度日时，跌入未知的黑洞里。”这句诗就描绘出信仰对人的重要性。

成功学大师卡耐基曾经说过：“你有信仰就年轻，疑惑就年老；有自信就年轻，畏惧就年老；有希望就年轻，绝望就年老；岁月使你皮肤起皱，但是失去了热忱，就损伤了灵魂。”

信仰需要的是人的内心力量，而内心就是人的意志。每个人都不可避免地会面对各种风险与挑战，结果有成功，也有失败。不过，人生的胜利不在于一时的得失，而是在于谁是最后的胜利者。没有走到生命的尽头，谁也无法说我们到底是成功了还是失败了。所以，当我们面临困难的时候，当我们以为自己会难以支撑的时候，千万不能泄气，而要充满希望，相信只要还有明天，就永远都把今天看成是起跑线。

千万不要因为痛苦而放弃你的选择。要知道，只要我们内心充满力量，充满自信和意志，事情往往就会柳暗花明。这正像诗人纪伯伦所说的：“信仰是我们心中的绿洲。这片绿洲，灌溉着自然，滋养着人类，净化着心灵。”

作为内心的支撑，信仰可以让人不困惑，可以让人知道自己为什么而活着以及自己该怎样活着。大千世界，一千个人的眼中有一千个哈姆雷特，同样，一千个人眼中也会有一千个信仰。这些信仰能够给人以不同的作用力。

这是因为每个人的理想和需求不一样，自然信仰的对象也会不一样：有的人选择皈依宗教；有的人选择物质崇拜；有的人选择为己谋私；有的人选择为人民服务……虽然信仰是个体的行为，但信仰不同，也有重于泰山、轻于鸿毛之分。

需要注意的是，信仰的力量是一把双刃剑，我们要用理性来驾驭它。

拥有信仰可以使一个人的言行得到约束，灵魂得到升华。但是，盲目的信仰也容易使人走向极端，失去自我。也就是说，我们可以通过信仰来约束自身言行，但我们也要有自己的思想，而非沦为信仰的奴隶。

总之，在漫长的人生道路上，我们会遇到风雨或激流险滩，也许在一段时间内，我们坚守的正确信仰可能会失效，热爱的东西会消失，但我们要永远记得，无论黑夜多么漫长，黎明始终会如期而至，最要紧的是人生的欲火不能熄灭，只要还能看到明天的希望，今天就绝不能停止前进的脚步。相信明天就是新的一天！绝望的时候抬头看，希望的光一直就在头上！

在遵守规则的前提下，该争则争

年轻人要有冲劲。赛场上，健儿们奋勇争先，这是为荣誉而争；考场上，考生们争分夺秒，这是为成绩而争；职场上，白领们力争上游，这是为地位而争；商场上，商家们争夺商机，这是为利益而争……这类竞争，是在既定规则之下的正当竞争，有利于社会的进步和个人的发展，是值得提倡和弘扬的。

春秋战国时期，宋襄公看到齐桓公的霸业渐衰，想取而代之。他励精图治，改革内政，宋国逐渐强大起来。宋襄公出兵伐郑，楚国趁机偷袭宋国，宋襄公率兵回击，与楚军在泓水两岸对峙。宋国将军向宋襄公献策，请在楚军河边立足未稳时击之，宋襄公说：“不行，不能趁人不备而进攻，那样是不仁义的。”楚军渡河开始，宋国又有将军提议趁楚半渡时击之必胜，宋襄公又拒绝说：“我仁义之师岂可投机攻楚？”楚军过河后忙布阵，宋国众将军齐向宋襄公请战，要求趁敌阵未布好时进攻，这是最后的机会了！宋襄公仍回绝说："我们要以德服人，不能在楚国未摆好阵时决战。"楚国摆好阵后，两军交锋。宋国的以和为贵的仁义之师全军覆没，楚国全胜。宋襄公也中箭受伤，不久含恨身死。

宋襄公在泓水之战中，表现出了谦让的君子之风，但最终的结果却是全军覆没，霸业成空，自己也窝囊地死去。宋襄公的糟糕结局警醒我们，在原则允许的情况下，还一味地讲究谦让，不争不抢，是愚蠢的做法，这样只能便宜了别人，亏了自己，也输掉了人生。所以说，在该谦让的时候谦让那叫君子之风，而在不该谦让的时候谦让，那就是愚蠢的行为。

这一天，偏僻的小山村突然开进了一辆汽车，这可是件新鲜事，全村人都围了过来。从车上走下几个人，其中一个穿黑皮夹克的中年男子问大家："你们想不想演电影？谁想演请站出来！"一连问了好几遍，村民们都不敢吱声，好多人只顾和身边的人自言自语。这时，一个十几岁的女孩子站了出来："我想演！"她长得并不漂亮，单眼皮，脸蛋红扑扑的，透着一股山里孩子特有的倔强和淳朴，"你会唱歌吗？"中年男子问。"会！"女孩子大方地回答。"那你现在就唱一个！""行！"女孩开口就唱，一边唱还一边扭："我们的祖国是花园……"村民们看了都哈哈大笑，因为她的歌唱得实在不怎么好听，不但跑了调，而且唱到一半还忘了词。没想到，中年男子却用手一指："好，就是你了！"这个勇敢地向前迈了一步的女孩子就是魏敏芝。她幸运地被大导演张艺谋选中，成为备受羡慕的"谋女郎"，在电影《一个都不能少》出任女主角，名字很快传遍了大江南北。

对于机遇，对于成功，人们总有各种各样的说法。然而，不能否认的是，有些时候，机遇在一些人面前确实是平等的。只是当机遇突然出现在面前时，有人却迟疑了，犹豫了，结果与之擦肩而过；而有的人却能主动上前，大胆追求，于是便争得了机遇的倾心。所以，当机遇降临，如果你看重这个机会，那么就不要迟疑，更不要羞涩，勇敢地站出来，去争去抢，这时机会就可能属于你。否则，机遇就可能降临到别人头上，你只能望洋兴叹了。

在工作和生活中，只要没有违反人生、职场的游戏规则，就要有争的意识，敢说敢干，敢争敢抢。对于心仪的女孩，不去争取，她就会因为不知道你的心意而投入别人的怀抱；对于渴望的职位、薪水，不去争抢，你就会长时间在原地踏步，不得重用。

所以，人生就像一场篮球比赛，抢位置，争篮板，抢机会，争胜利，只有这样的人，才能取得比赛的胜利。反之，总希望篮球落入自己手里，然后自己再舒舒服服地去投篮，这样的机会在比赛里根本就不存在，这样的人，也只能输掉比赛，成为失败者。所以，生活的大赛一经开始，就要不断提醒自己，面对竞争，只要规则允许，就要敢争敢抢！

第二章

迎着世界的质疑，做且只做你自己

战胜自卑，彪悍青春的必经之路

有长必有短，有明必有暗。人人都有自卑的一面，任何一个成功者也不例外。但是，在通往成功的路上，我们只有战胜自卑，才能成为一个自信的成功者。

爱尔兰著名剧作家萧伯纳曾经说过，有信心的人，可以化渺小为伟大，化平庸为神奇。所以，对每个渴望成功的人来说，能够拥有自信的品格是一种幸福。但是“幸福”需要把握适当的尺度，信心不足会让人错过改变人生的大好机会，而盲目的自信却又容易让人失去理智，迷失方向。

这就像是能登上金字塔的生物只有两种：老鹰和蜗牛。不是每个人都能像雄鹰一样展翅翱翔，一飞冲天，但我们至少可以像蜗牛一样，凭着自己的信念和耐力坚持前行。倘若我们有足够自信的话，就能感到生命的活力，保持勇往直前、奋发向上的劲头。

1482 年，31 岁的达·芬奇离开故乡佛罗伦萨，来到米兰生活，他想谋求一份能够发挥自己特长的工作，于是给当时米兰的最高统治者、米兰大公鲁多维柯斯弗查写了封求职信，希望谋得一个军事工程师的职位。这封求职信就是著名的《致米兰大公书》，很简短，其内容如下：

尊敬的大公阁下：

来自佛罗伦萨的作战机械发明者达·芬奇，希望可以成为阁下的军事工程师，同时求见阁下，以便面陈机密：

第一，我能建造坚固、轻便又耐用的桥梁，可用来野外行军。这种桥梁的装卸非常方便。我也能破坏敌军的桥梁。

第二，我能制造出围攻城池的云梯和其他类似设备。

第三，我能制造一种易于搬运的大炮，可用来投射小石块，犹如下冰雹一般，可以给敌军造成重大损失和混乱。

第四，我能制造出装有大炮的铁甲车，可用来冲破敌军密集的队伍，为我军的进攻开辟道路。

第五，我能设计出各种地道，无论是直的还是弯的，必要时还可以设计出在河流下面挖地道的方法。

第六，倘若您要在海上作战，我能设计出多种适宜进攻的兵船，这些兵船的防护力很好，能够抵御敌军的炮火攻击。

此外，我还擅长建造其他民用设施，同时擅长绘画和雕塑。

如果有人认为上述任何一项我办不到的话，我愿在您的花园，或您指定的其他任何地点进行实验。

向阁下问安！

当时，米兰大公的处境可谓强敌环伺，他要击败意大利的敌对城邦和消除来自北欧及西亚的威胁，就不能不大力发展军事制造业，因此急需这方面的人才。达·芬奇深切地了解他的需要，于是有针对性地写了求职信。

达·芬奇是个多才多艺的人，在绘画、歌唱、医学、哲学和其他领域都拥有卓越的才能，但在这封求职信中，他只详细地描述了自己在军事工程方面的技能。通过这些细致的介绍，他生动而含蓄地告诉米兰大公："我清楚您的处境，我会帮助您打赢战争！"而对自己的其他能力，达·芬奇则在信中一笔带过。

这封详略得当、针对性很强的求职信，无疑给米兰大公留下了深刻印象，信中所述的种种军事技能，对于他来说，也堪称雪中送炭，因此他毫不犹豫地给了达·芬奇面试的机会。在短暂的面试后，正式聘用达·芬奇为军事工程师，待遇十分优厚。

达·芬奇这封短短的求职信，为何能够产生这样好的效果呢？因为他一连使用了六个"我能"，一项一项，有条不紊地列举自己军事工程方面的才能，语气坚定，而且他敢于在信中声称："如果有人认为上述任何一项我办不到的话，我愿在您的花园，或您指定的其他任何地点进行实验。"这是何等的自信！

生活中，自卑的情绪总在我们不经意的时候侵袭着我们，包围着我们，甚至控制着我们的生活。当我们碰到困难的时候，自卑会站在我们的背后大声地吓唬我们；当我们有所决定、有所取舍的时候，自卑向我们勒索着勇气与胆略；当我们要大踏步向前迈进的时候，自卑会紧紧拽住我们的衣袖，告诉我们前面危机重重，仅凭一己之力根本无法应对。自卑的情绪就像蛀虫一样啃噬着我们的人格，成为我们走向成功的绊脚石和拦路虎。

美国作家海伦·凯勒曾说：“对于凌驾于命运之上的人来说，信心是命运的主宰。”可见，自信对一个人来说有多么重要。我们要尽快摆脱自卑，做一个自信的人。

自信的人是一道亮丽的风景，一个人，只有充满自信，才能自在从容地享受生活、品味多彩的人生。而自卑是一种没有必要的自我没落，具有自卑心理的人，总是过多地看重自己不利和消极的一面，看不到有利、积极的一面，缺乏客观、全面地分析事物的能力和信心；自卑是心灵的腐蚀剂，自信却是心灵的发电机；自卑的人总是拿自己的短处去对比人家的长处，却忽视了自己也有人所不及的地方。

自信是一个人心理的建筑工程师，只要自信与思考结合，就能激发和鼓励我们表现出无限的智慧和力量，使每个人的欲望转化为有形价值资产。所以，在遇到任何事情的时候，都要正确评估自己的能力，不要完全依赖自己，相信自己的所听、所感，更不要被他人所“迷惑”，找不到真实的自己。很多时候，自信对我们来说，就是一种养精蓄锐，突然迸发的力量，是来自生命力中不屈不挠的韧性，是内心的淡定和坦然。

孔子曰：“仁者不忧，智者不惑，勇者不惧。”

能做到不忧虑、不疑惑、不恐惧的人，内心必然是强大和自信的。不看重外在世界的纷繁变化，不在意个人利益的得与失，内心的强大与坦然，能够化解无数遗憾。而内心的这份强大与坦然，就是来自于自信。只有相信自己，才能调动起身上所有的潜能。

总之，自卑的人犹如没有罗盘的水手，在浩瀚的大海里随波逐流。自信的力量是伟大的，它是成功的起点，是托起人生大厦的坚实支柱！它支持着人们生活，催促着人们奋斗，推动着人们进步。你可以重复地告诉自己：“我能做到！我能做到！我能做到！”从此，你会创造世界上一个又一个奇迹。无论做人还是做事，都需要一份孜孜不倦的信念。无论身处何境，我们都不要让自卑的冰雪侵占心灵，而是应该燃起自信的火炬，始终相信自己是最优秀的，这样才能调动生命的潜能，去创造无限美好的生活。

积极主动，伯乐才能发现你

常听到有人感叹：“世上千里马常有，而伯乐不常有。”其实，只要你稍微转变一下思维，就能发现伯乐。伯乐没有火眼金睛，他只能通过一个人的外在表现来判定是不是千里马。此时，积极主动就显得更重要了。

在人才济济的今天，千里马的竞争压力也是非常大的。当我们在苦恼为什么没被人挖掘、为什么没被有慧眼的伯乐赏识时，也应该反思一下自己：如何在竞争者中脱颖而出，做一匹被伯乐赏识的千里马。

中国有句俗话叫：“酒香不怕巷子深。”这句话在如今的时代，显然有些落伍了。试问：“要有多么浓郁的芳香才能从深巷里飘入人们的鼻子里？又有多少人能够静下心来寻找巷子里的酒香呢？”如果总抱着这样的态度，那再香的酒到最后也不过是“长在深巷无人识”。

认为自己是优秀的，那就要懂得自荐，懂得将自己的优秀展现出来。相反，不吭声、不作为，再好的伯乐也无法识别你这颗钻石。

八年前，孙悦大学毕业后，到一家私营企业上班，任职总经理秘书。总经理是个十足的工作狂，非常热爱工作。在他眼里，能力一般的人，他都懒得去理。

孙悦来报到的第一天，不少同事都为她捏把汗，因为总经理秘书隔三岔五就会换人，他们猜测着：孙悦一定熬不过一个月。

入职以后，孙悦工作上勤勤恳恳，不懂就问。面对同事偷懒扔给她的杂活儿，她也处理得有条有理。比如：办公室的桶装水没有了，孙悦就会主动换；办公用品不多了，她就会提前去后勤领取；经理交代的任何事情，她都会记录在本子上，如果交代的事情够多，她连录音笔都用上了……

看着她每天跟打了鸡血一样，同事们纷纷感到可怜。一个刚毕业的小姑娘，真是够辛苦的，何必事事做到位呢？反正每个月工资都是那么点儿。

直到有一天，由于总经理的错误判断，错失了接客户的最佳时机。万一被竞争对手抢走客户，那公司的损失可想而知。早上7点钟左右，总经理就给孙悦打了电话。

“小孙，你帮我查一下××的飞机降落的时间，你再把我昨天给你的合同送到××（地），我急用！”

“总经理，您是要去接机吗？”

“对，我已经迟到了，你抓紧时间来，给客户定好酒店。”

“总经理，我住的地方离机场近，合同也在我手里，不如就让我去接机吧。”

“这……”孙悦似乎听出了总经理的犹豫，说道：“现在时间来不及了，您就放心交给我吧。”

“好！公司的下半年业绩都掌握在你手里了。”

挂上电话后，孙悦赶紧穿好正装，拎着合同出门了。巧的是，她正好拦上一辆出租车。从家到机场的距离大约30分钟，她争分夺秒，在车上化了一个淡妆，接着在网上预订了酒店。

7点35分，孙悦准时赶到机场。离客户落地还有15分钟，她调整好呼吸，整理了一下仪容，又在机场边买了一束鲜花，她记得，这位女客户很喜欢百合。

7点52分，孙悦准确认出了客户，先简单地介绍了一下自己，又体贴地说道：“您好，刘女士，我是××公司的总经理秘书。总经理派我来接机，听说您喜欢百合，总经理特别要求要送您一束。您坐了这么久的飞机，一定很累了，我先带您去酒店休息一下，吃点儿早饭，我们再谈工作吧。”

客户微笑着点头，没想到接机的是这样懂事的姑娘。

客户稍微休息过后，直接在孙悦拿的合同上签了字，这让孙悦大吃一惊。当孙悦一个人来到公司后，公司的人都炸开锅了。

“她不是接客户去了？客户呢？”

“她不会是没接上吧？”

“这下子有好戏了……”

进了总经理办公室，孙悦把来龙去脉都说了一遍，总经理脸上立马绽放了微笑：“不错，不错。”

第二天，总经理就吩咐会计给孙悦每个月涨了两千块钱工资，报销了她的车费、酒店费用以及鲜花费用等。没过一年的工夫，孙悦就被提拔为人事部经理。三年以后，孙悦就成了总经理太太，两个人携手为公司创造了很大的效益。

通过孙悦的这个故事，我们明白了什么叫争取，什么叫靠实力说话。试想，如果孙悦也像其他同事一样，庸庸碌碌，整天想着混日子，那还能有今天的事业，还能俘获总经理的芳心吗？

当然没有！说不定，总经理早就辞退她了。所以说，要想被领导赏识，被同事认可，做出类拔萃的人，首先要具备千里马的特质；其次是要有“心计”，做匹积极主动的千里马，不然伯乐怎么能注意到你呢？

总之，无论在生活中还是工作中，我们都要主动一些，不是等着别人让你做什么你才去做，也不要等着别人做完后，你确定没有风险了再去做。想想那些成功的人吧，他们哪一个不是主动去探索、创新的人呢？

学会自救，学会直面人生

积极乐观的精神是自我拯救中必不可少的一种品质，是获得幸福的一种方法。要想成为一个内心强大的人、一个优秀的成功者，我们就必须懂得自救。

做出一些选择或决定后，就必须坚持走下去，才知道自己的对与错。能够自救，才可以摆脱内心的某些恐惧。要想让自己活得轻松，过得幸福，离成功更近一点儿，就应该学着放下包袱，给自己积极的自我暗示，养成乐观豁达的好习惯，做一个懂得自救的人。

乔治是一家公司的老板，他的妻子是家庭主妇，料理家庭的一切。最近不知道怎么了，乔治总是夸赞自己的助手，说她是一个有魅力的女人，这让妻子醋意横生。看着镜子里日渐憔悴的自己，妻子开始注重保养起来，每隔两三天她就会去美容会所。不知听谁说，整容是留住丈夫的好方式，妻子也开始蠢蠢欲动起来。

看着妻子的变化，乔治惊呆了！当然，他惊呆的不是她的美貌，而是这种愚蠢的行为。两人为此大吵一架，怒火中烧的妻子这才说明自己为什么这样做，因为不想其他女人把丈夫抢走。

听到这里，乔治若有所思。一天，乔治主动邀请妻子一同去探望助手。这下子，一切全明了了。原来，女助手并不像妻子所想的那样，是个年轻漂亮的女人，而是一位头发已经开始花白的、身材已经发福的妇人。在聊天的过程中，妻子也觉得助手确实是个有魅力的人，她自信、乐观、机智，怪不得乔治这样欣赏她。

妻子终于明白了，言谈举止足以赋予一个女人魅力。与此同时，她感到内疚，甚至羞愧。因为自己的猜疑，她竟然偷偷更换了自己的外貌……这实在是愚蠢透了！是啊，女人明明可以通过性格的调整以及培养来改变些什么，却凭靠医学技术调整或更改自己的外貌，这样的做法根本无法改变最本质的东西。

看到这里，你是不是觉得自己也应该注意塑造自己的魅力，做一个独特的、独立的个体呢？这就对了！

每个人存在于这个世界上，总是有一定的道理和位置的。我们不需要去做一个附属品，更不要为了别人的喜好，轻易改变自己，成为“××× 第二”。这很愚蠢！这就像是女人买衣服一样，你花费了大量的金钱买了一件认为独一无二的连衣裙，你希望它能让你变得不一样。可是，你刚一走出门，却惊然发现有人穿了一件跟你身上一模一样的。于是，你开始重新审视自己这件连衣裙，觉得它并没有那么独一无二，甚至觉得它很普通。对物品尚且如此，对人又何尝不是这样呢？只要真实地做自己，就是独一无二，就是唯一。

此外，我们还要做一个乐观的，懂得自救的人。不管天生是什么性格，只要抱有乐观的生活态度，那人生整天都是阳光普照的。相反，悲观的人总会给人一种不亲近的感觉。那么，如何做个乐观的人呢？首先要懂得宣泄自己的情绪。无论是找人诉说也好，还是做运动也好，关键是将负面情绪排泄出去，这样才能使身心都轻松一点儿。

俄国诗人普希金说：“假如生活无意地欺骗了你，请你不要犹豫，不要悲观，不要愤怒，当不顺心时，暂且克制自己，请你相信，我们快乐的日子不久就会来到。”这种乐观豁达的精神值得每个人学习。不要去抱怨命运的不公，不要去抱怨自己的遭遇，不要悲观，要昂起头，大胆往前走。只要用乐观豁达的心态去克服一切不可能，那不可能就有机会变为可能。

最后，无论怎样，我们要学会直面一切。有时，我们只是缺乏面对事物的勇气，并且越是害怕什么，就来什么，搞得自己都快要发疯了。此时，我们唯一的自救方法就是——直面一切。只有愿意去自救，才能成功救出自己。

别让怀疑抵消自己的能量

人的能量总是有限的，如果将能量都耗费在怀疑自己和否定自己上，那梦想也就会被自己毁灭了。做任何事，不要给自己暗示“我肯定会失败”！

世界著名的走钢索选手卡尔·华伦达曾经说过：“在钢索上才是我真正的人生，其他都只是等待。”他总以这种自信的态度来走钢索，来走自己的人生。说也奇怪，他走钢索这么多年，从来没有失败过。

1978 年，也就是在波多黎各表演的三个月前，他开始有些怀疑起自己来。因为他从来没有失败过……他找出的这个理由实在是令人难以置信！

出发前，他问妻子：“如果我这次掉下来怎么办？”妻子沉默不语，接着又鼓励了他。可是，怀疑已经充斥着身心，他没有办法克制自己。随着表演的日子越来越接近，他越来越慌了。

最终，他在表演的过程中，从 25 米高的钢索上掉下来摔死了……

他为什么会失败呢？

原因就在于他和以往不同的心理。在以往，他自信，对自己充满肯定，于是他成功了；当他开始怀疑自己，认为自己会失败的时候，他真的失败了。

有句话叫："生活就是一面镜子，你对它笑，它就会对你笑，你对它哭，它就会对你哭。"

同样的道理，一个人想着成功，他就有可能成功。一个人想着失败，那他必然会失败。

美国作家亨利·戴维·梭罗曾经说："自信地朝着你想的方向前进！"过你想过的生活。随着自信的激励，人生的法则也会变得简单，孤独将不再孤独，贫穷将不再贫穷，脆弱将不再脆弱！

所以说，人无论是处在顺境还是逆境中时，都要相信自己，不要去怀疑自己。怀疑，对自己百害无一利。相反，如果遇事处变不惊、泰然自若，那人生的道路就会越走越宽。

不过，在我们的生活中，总会遇到不自信的人，每天做着不自信的事情，他们也很想改变，很想相信自己，认为自己可以做得更好。可是，脑子里总有一个小人在说"你不行"或"万一失败了"……此时，我们应该大胆地赶出脑子里乱蹦的小人，让它知道：我可以！

下面，给朋友们介绍几种建立自信、消除怀疑的小诀窍，用不了多久，相信你就会发现自己的惊人变化。

坐在第一排

在各种聚会或学习课堂上，你是否发现过这样奇怪的现象：座位前面的第一排或第二排总是没人坐，或是稀稀拉拉的几个人，而后排的座位都是黑压压的一片人。

为什么他们会选择后面的座位呢？一是出于对自己的不自信，怕被提问，怕回答不出来惹人笑话；二是做人低调，不想“太显眼”。说到底，最根本的原因就是缺乏自信。所以，为了锻炼自己，不如尝试坐在第一排，这不仅是锻炼自信，也是锻炼胆量。

时不时开怀大笑

大笑，具有强烈的影响力。在一个紧张的气氛中，如果你能在恰当的时候开怀大笑，那不仅能缓解当时的尴尬气氛，还能让别人对你刮目相看，认为你是一个乐观的人。乐观的人，总能吸引到朋友。当你遇事悲伤时，不妨也对自己笑笑，鼓励一下自己。

一个人只有懂得大笑，心情才是愉悦的，那紧张、怀疑自然就荡然无存了。再往深一层说，大笑是自信的良好开端。

昂首挺胸，大步向前

闲暇时，我们可以观察人的走路的速度、姿势等。这可不是闲得没事干，而是一种对自信与否的评判，还比看电影要省钱。著名心理学家认为：懒散的姿势、缓慢的步伐都能透露出一个人的状态，也许她是悲伤的，也许她是有心事的。虽然我们不敢说这句话是对还是错，但我们可以知道——那些成功的人都是脚底带风的。他们昂首挺胸，脸上挂满笑容，似乎在跟每一个过路的人说“我是一个成功者”。

从另一个角度看问题

信心不足的人总是看到自己的缺点，很少看到自己的优点。不仅如此，信心不足的人还总是喜欢用自己的缺点与别人的优点来比较，这样的结果只能让自己更没有自信。

实际上，我们并不需要为自己的缺点而感到自责，要相信“天生我材必有用”“天行健，君子以自强不息”，只有改变视角，你才能走出“不自信”的牢笼。

倘若你的缺点或劣势可以纠正或改变，那就尽最大的努力去做。如果真的无能为力，那就把心思用在其他方面，也许你的聪明才智只有遇到适合自己的事情，才会发挥最大的能量。

你要明白，没有不好的小树苗，也没有不好的土地，只有小树苗不适合在这片土地上生长。你想，你把一棵指头粗细的小树苗栽进沙漠，那小树苗能活吗？所以，学会换片土地吧，这样小树苗才会长成参天大树。

一个人也要像一支队伍

人生总要经历逆水行舟的时刻，近旁没有可以伸出援手的对象，这时候你怎么办？打起精神来，让自己强大得像一支队伍，像队伍一样有勇气、有谋略、有胆识、有坚持。

作家刘瑜曾说：“一个人就像一支队伍，对着自己的头脑和心灵招兵买马，不气馁，有召唤，爱自由。”

在风云多变、祸福难测的世界，一个人要把人生活得像一支队伍，既能百战不殆，又能够让幸福像花儿一样，是多么不容易啊！仔细想想，一个人做到了“内圣外王”，才算是人生的真正圆满，才算是成功的最高境界。一个人只有做到“王者之师”，才算是强悍锐气，才算是一个成功的领袖。

曾经有个读者给作家刘瑜写信，问她：“如何克服寂寞？”读者刚来美国，对一切都不熟悉，没有朋友、没有亲人可以依靠，就连语言也有很大的障碍。每一天，她活动的范围都只是学校、宿舍、图书馆，三点一线。她觉得寂寞极了，再一想起这漫漫长夜，一想起还要在异国他乡待很久，就莫名地想哭。

刘瑜给她回信说道："我没什么好办法，因为我从来就没有克服过这个问题。这些年来我学会的，就是适应它。适应孤独，就像适应一种残疾。"

适应孤独、寂寞，也是让自己强大起来的一种方式。哲学家罗素说：我的生活有三大动力，一是对知识的追求；二是对爱的渴望；三是对苦难的怜悯。

你瞧，在这三点中，第一和第三点都是可以自给自足的，具有耕耘收获的对称性。我们知道，孤独的滋味不好受，但更糟的是孤独具有一种累加效应，我们越是不接受它，它在我们的心里就会越来越重。这就像是举杠铃一样，一周连续每天举 5 分钟跟一周一天举半个小时是完全不一样的，你会觉得每天 5 分钟很轻松，一天半个小时是种折磨。所以，享受孤独吧，这样才能让自己利用空闲的时间做更多的事，才能变得独立，才能不被孤独侵蚀，才能变得强大起来。慢慢地，你会发现自己真的有不曾被挖掘的一面。

那么，除了享受孤独，变得独立，还有没有其他方法成为"一个人也要像一支队伍"的人？有的！比如不气馁的坚持、战胜自己的力量、明确的信仰、多元化的发展……

不气馁的坚持

既然要像一支队伍一样，那我们就不能气馁、打退堂鼓。生活本来就是五味杂陈，各种味道都有，不可能让你总是吃到甜的，酸、苦、辣是不可避免的。纵观人生，失之东隅收之桑榆、丢了芝麻得了西瓜的事儿比比皆是，我们为什么要轻易气馁，轻易被打败呢？

战胜自己

如果说心灵与“一支队伍”有什么关系的话，那就是领导关系、从属关系。心灵的空间越大，心的能量就越强，自然地，这支队伍也就越强了。

相反，如果心灵给自己设置一个天敌，那天敌就是自己。战胜自己，战胜怯懦，你就会变得强大。比如说，你害怕坐摩天轮、过山车，那你就可以尝试去改变自己，用大声呼喊来宣泄自己的恐惧。或者，在面对一件事时，你有想退缩的想法，那就深呼吸，调整自己，硬着头皮去面对。当你坦然面对恐惧，那恐惧也在你面对的一刻不复存在了。

有明确的信仰

一个人要活得像一支队伍一样，就一定要有自己的信仰。只有有了信仰，才有主心骨，才有更明确的目标。在生活中，不乏整天浑浑噩噩的人——上学时，就是为了考上大学；工作了，就是为了履行作为一个成年人的责任，仅仅是为了工作，有点儿事干，不被别人说闲话；结婚了，就把一切抛开，全身心投入到家庭中，照顾长辈、丈夫、孩子……她觉得自己活得并不快乐，人生多少年如一日，平淡无奇，毫无生机。但是，她不愿意去改变自己，依旧过着几年如一日的生活。

对于她，既可怜又可悲。如果真的对生活不满，那就应该试图改变自己，重新燃起对生活的激情。因此，有自己的信仰是很有必要的。

多元化发展

一个人要活得像一支队伍一样，首先要明白一支队伍需要什么样的人才，希望这样的人才在队伍中发挥什么样的作用。比如：在面对抉择时，希望队伍中有什么样的人来做；在面对琐事时，希望具备耐心和细心的人来做；在面对健康或身体异常时，希望得到什么样的建议……诸如此类的。只有多元化发展，具备全面素质，你就会明白：你不是一个人在战斗，是一支队伍在战斗。

总之，一个人不管做任何职业、任何事，都得学会掌控自己的人生；一个人不管有没有能力，都得懂得指挥自己的心灵和身体。

上天眷顾有实力的人

> 一本杂志上曾经刊登一段话，很耐人寻味，上面说，对年轻人而言，“短期，姿色最重要；长期，智慧最重要；一生，实力最重要”。

有一条真理是亘古不变的：成功，说明你够努力了；没有成功，说明你还须努力。古往今来的成功者，无一不是有真本事之人。成功绝不是多看书，就能得到垂青的。更不是盲目相信“上天一定眷顾我”，上天就会真的眷顾你。要知道，上天不会随随便便眷顾谁，被眷顾的人一定有着不为人知的“努力”。

影片《红粉联盟》中，有这样的一个场面：

“打职业棒球太难了！”一位接球手抱怨着。

“这本来就难。”球队经理告诉她，“如果不难的话，那每个人都可以打职业棒球了。正是难，才令其更美妙。”

是啊！“正是难，才令其更美妙”，这句台词当时引起了很大的共鸣。同样，无论是竞选参议员，还是在生活中遇到挫折，我们都应该抱着这样的态度，用实力说话。

实力是什么？实力就是真本事，就是有着不同于常人的超强能力，有着脚踏实地的务实的精神，有着不放弃、不服输的勇敢心，三者缺一不可。仔细品味那些成功者，无一不具备这样的真本事。而那些靠走后门、投机取巧的手段获得的成功都是暂时的，经不起时间的考验和推敲。

当今职场，对于任何一个不甘平庸的人，要想尽快脱颖而出，迈向事业的顶峰，是必须要有真本事傍身的。

从“想成大事”到“能成大事”有一个漫长的过程要走，我们一定要顶得住压力，抵得住头脑发热的冲动，以及种种的诱惑和冲动等，要坚信：只有凭真本事赢得的成功，才是真正的成功。所以，投机取巧，还是早点儿摒弃的好。

日本著名企业家松下幸之助曾经说过：“狮子故意把自己的小狮子推到深谷，让它从危险中挣扎求生，这个气魄太大了！虽然这种行为太严格，然而在这种严格的考验之下，小狮子在以后的生命过程中才不会泄气，从而在一次又一次地跌落山涧之后，拼命地、认真地、一步步地爬起来。当它凭靠自己的力量从深谷爬出来的时候，才会体会到‘不依靠别人，凭自己的力量前进’的可贵。狮子的雄壮，便是这样养成的。”

狮子尚且如此，人又何以退缩呢？纵观历史上的名人巨匠，并不是个个都是天才，李时珍曾经三次考举人名落孙山，最后凭靠自己，成为医学大师；在爱因斯坦小的时候，不止一个人说过他反应迟钝，脑袋笨，可就是这样一个反应迟钝、脑袋笨的人创立了相对论……世界上有许多被人认为智力平凡的人，却创造了超群出众的成绩，探究其中的奥秘，关键就在于他们比一般人更勤奋，更想要得到真本事。

得到真本事首先要坚定地相信自己能够取得胜利。你希望事情朝好的方向发展，那事情就有可能朝着好的方向发展；当你害怕事情朝着坏的方向发展，那事情就有可能变得糟糕起来。同样的道理，当你坚信自己能凭靠自己的本事来获得胜利，那成功就完成了一半。如果只想着依靠别人，想着投机取巧，那成功的概率就少了一半。

其次，你要拥有一个实际的梦想。如果你的梦想是当一个作家，那就可以多注意观察生活，收集素材，这样才能让文字更有血肉感；如果你的梦想是……那就应该……如果你仅仅是空想，没有朝梦想迈出一步，那梦想就是空想，永远不会实现。

最关键的是，我们要在实践中锻炼和提高自己的能力。总听别人说“读万卷书不如行万里路”，这话只对了一半。我们不仅要多读书，也要去外面的世界，在实践中学习。二者缺一不可，如若只完成了一半，前者好似纸上谈兵，后者又多了一丝盲目，总是留有缺憾的。

第三章

任性不认命，行动是成就野心的唯一途径

成功就是你比别人多想一点

俗话说：“林子大了，什么样的鸟都有。”飞禽尚有万种，如果人类千年万年千篇一律地活着，岂不是进化史上的败笔？所以说，无论做人还是做事，都不要墨守成规，而要出奇制胜。

大多数成功者或想要迈向成功的人都喜欢走在别人前面，做别人想不到的事，想别人没有想到的问题。有时，成功就是——你比别人多想一点。

不管怎么说，机遇不是一个温文尔雅的来客，它不会绅士地登门拜访你。相反，机遇是个令人捉摸不透的家伙，你抓不住它的痕迹。只有那些眼疾手快、万事俱备、只等机遇降临的人，才能抓住。而那些反应迟钝的人，就算是机遇来临，也会出现“到嘴的鸭子也会飞”的情况。

在成功的道路上，有的人不愿意去尝试，不愿意去走崎岖的小道，只要一遇到艰辛的路途，就会想着绕道而行，甚至打退堂鼓，望而却步。于是，他们也就与机遇失之交臂。而另一些人呢，他们总是很有耐性，一遇到问题就尝试着解决，不怕吃苦，不怕受累。于是，他们遇到了“千呼万唤始出来”的机遇。

有人曾说：“机遇可遇而不可求。”其实，机遇的产生也有其内在的规律。如果你有足够的勇气，有睿智的头脑，有敏锐的观察力和判断力，那就能准确无误地看准机遇，把它牢牢抓住。

或许是由于规则和纪律的钳制，很多人把墨守成规当成借口，甚至惧怕世俗的偏见和束缚，不惜牺牲自我的思想去迎合大众，就是为了和大家站在一个起跑线上，共同前进。殊不知，有这样思想的人早已成为附属品，成为一具行尸走肉。这样活着，又有什么意义？

古人说：“世异则事异，事异则备变。”这就提示我们：必须要以发展的眼光来看待问题，懂得抢占先机是赢得胜利的秘诀。简单来说，就是“先发者制人，后发者制于人”。只要事情不到最后，总是有无限的可能性。

一次，斯隆学院图书馆的水管坏了，由于没有及时处理，许多珍贵的图书都被浸泡在积水中。等设备修好了，如何挽救被水泡湿的书籍，就成了大家的议题。

如果采取一般的干湿方式（晒太阳、风干）就会毁掉这些珍贵的图书。图书管理员纷纷摇头，想不出任何办法。这时，一位曾经从事过罐头生产的清洁人员站了出来，说有一个办法，不知道可行不可行。

“说来听听！”

“我是这样想的：在制造罐头时，为了挤出水果中多余的水分，工厂采用的是低温存放和真空干燥的方法。如果也用这个方法来处理这些图书，不知道可不可行。”

几个图书管理员你看看我，我看看你，商量之后决定试一试，不然这些书真的就毁了。按照这个方法，先将湿书放进冰箱中冷冻，然后放入真空干燥箱中。经过几天的奋战，奇迹出现了，那些湿漉漉的图书果然恢复到原来的模样。

可见，对待一些问题，我们不能墨守成规，受常规和纪律的约束，而是应该从多个方面来考虑问题，才能把问题完美地解决。然而，打破常规，也就意味着否定其他人的行为标准，也就意味着你的“不一样”不被他人接受、理解，甚至被孤立。当然，也会有人说你别出心裁、标新立异。然而，既然想获得成功，就应该对任何结果有所准备。

生活在这样一个变化多端的社会，要想成事，就需要抢占先机，并制定出相应策略，做到未雨绸缪。总之，只有懂得走在别人前面，运用所学，勤于思考，付诸行动，与别人不一样，走出属于自己的不寻常的路，才能终有所成。

折腾是信念，也是财富

“折腾”贯穿了每一个成功人士的生命，并在他们的生命中印上了两个字：成功。在他们眼里，从优秀到卓越，人才都是折腾出来的。是啊，不经折腾，又怎能抵得住成功路上频繁的打压和磨砺？

人生最大的赌注就是生存，最大的赌资就是自己。“赌”，就是要赌明天比今天精彩，赌明天比今天离成功更近一步。这也就意味着，我们必须马不停蹄地折腾起来！稍慢一些，成功就跑得快了。折腾，不仅是一种信念，是一种生活方式，更是一笔宝贵的财富。

有时，我们就缺乏“去试一试”的想法和行动。因为，有些人害怕压力，害怕竞争，害怕机遇，不习惯迎接挑战。他们总能从机遇中看到忧患，然后暗自衡量着、对比着。慢慢地，机遇也消失了。

可以说，这是一种懦弱，一种不敢折腾、害怕失败的懦弱。

不知道是不是社会的磨砺，或是他人的影响，那颗曾经骚动的心也变得安分起来。可纵观周围，从古至今，成功者都拥有着一个共同的特征——不安于现状、不安分，渴望改变一切。当其他人安于现状，做着墨守成规的事，守着各种教条和规矩时，他们却一反社会共同心理，逆潮流而上，做着不合潮流的事，不合大多数人胃口的事。

当然了，不是说只要去折腾就能成功，但成功者往往源于这种不安分，不安于现状。如果不折腾，那永远成不了什么大气候。就像刘邦一样——农民的儿子不种田，终日“游手好闲”，忙于结交各个地方的朋友；家境贫苦，本没有什么积蓄，却乐善好施。那时，他不知道自己今后的路要如何走下去，但他有一颗不安分的心，有一颗想要折腾的心。在历史提供的机遇下，刘邦找到了机会，并一举成为“布衣皇帝”。

稍近一点儿的，也有父辈做榜样。在我们的父辈中的成功者，许多都是放弃了原来的铁饭碗，选择“下海”，才有了之后的成就。这绝对不是什么放弃的精神，而是因为他们那颗不安分、躁动的心。试想，如果他们仅仅满足于一份死工资，那到几十年后的今天，他们依旧没多大变化，待在同样的圈子里，有变化的可能是职位的不同。

折腾，让他们有了不一样的人生，有了另一种可能。科学地折腾，坚持地折腾，则让他们愈来愈接近成功！

王薇薇毕业于某大学的中文系，毕业后顺利进入出版社做编辑。由于工作单位的需要，王薇薇被调到地方文联做文职。在20多年前，那可是人人羡慕的好职业。

可对王薇薇来说，千篇一律的工作，让她开始茫然，最初那种带点儿文艺女青年的浪漫，也在烦琐的工作中被一点点儿消磨。

“我不能这样下去！”她不止一次地暗示自己。终于在某个周一，她递上了辞呈。她的这一举动，让家人有点儿发疯了！一个姑娘，还想要什么成就，就老老实实地吃国家饭，不好吗？

家人的劝阻并没有让她改变心意，再这样下去，她就看不到自己的理想和未来了。辞职后，她先是了解了一下市场，最终朝广告策划的方向走去。她写过文案，跟拍过广告，进过剧组……

两三年过去了，她晒黑了，人瘦了，但浑身充满着活力。后来，她也尝试开广告公司，但可惜很快就倒闭了。之后她继续去其他公司学习，在几年后又重整旗鼓。还别说，汲取了上一次失败的教训，公司开始运转起来。

她一边去各大公司学习，一边耐心地经营着自己的公司。在当时那个年代，“时髦”这个词算是格格不入的，一些人看不惯一个姑娘到处乱跑。她才不在意这些，为了实现自己的价值和梦想，一切付出都是值得的。

如今，她的广告公司在当地很有名气了，拍过不少知名的广告，不少文案也获得过大奖。那段不被人理解的岁月，她总结为：“天将降大任于斯人也，必先苦其心智，劳其筋骨，饿其体肤，空乏其身……”

人活一世，就应该折腾起来。我们要努力争取，不必总是严格按规矩办事，不必时时刻刻考虑社会环境的需要。社会进步与个人发展都需要敢于打破常规，不拘于常理，不需要事事顺应他人，听天由命。虽然会有一些人不赞同你，孤立你，甚至认为你离经叛道，没关系！总有一天，你的成功会向这些反对声证明：你所做的一切，是别出心裁，是标新立异，是懂得做“第一个吃螃蟹的人”。

现在跟过去不一样了，能折腾的机会更多了。可以说，折腾，是一种生命的状态，也成了改变自己、改变环境的有效手段。所以说，折腾起来吧！千万别怕折腾的暴风雨来得太猛烈了。

美梦终究要醒来，行动才能成就野心

一个有想法并及时行动的人，才能满足自己的野心；相反，一个仅限于空想的人，只能在梦中实现野心了。然而，美梦终归是要醒的，与其让梦成为一时空想，不如让它长久下去。所以，行动起来吧！

在这个世界上有两种人：一种是空想家；一种是实干家。前者善于谈论、想象、渴望，为自己营造出一种虚幻的假象，但那一切终归是梦而已，经不起现实的考验；后者真实、踏实，通过自己的付出和努力，将现实打磨成自己想要的样子，虽然出来的结果没有想象的那样美好，但却实实在在拥有着。其实，面对美好的东西，大多数人都会很心动，但为心动付出行动的人却不多。

曾听说过这样的一个故事，讲的是一个贫穷的年轻人想要摆脱贫穷，但又不想付诸行动。于是，年轻人每隔三两天就到教堂祈祷，祈祷上天能够眷顾自己，赋予自己一些财富。

这天，年轻人又来到教堂。他跪在圣坛前，虔诚地祈祷着：

“上帝啊，念在我多年来敬畏您的分上，让我中一次彩票吧！”

回去之后，年轻人就捡来一注彩票，等着第二天开奖。夜幕降临后，年轻人躺在床上，怀揣着彩票激动不已。他想象着：假如自己中了一百万、两百万……那我应该怎么去把它花掉。第二天一大早，彻夜未眠的年轻人来到兑奖处。

他一个号码一个号码地核对着，没中！年轻人一下子就悲伤起来。他想，我祈祷了那么多次，为什么会变成这样？我不过是想要中个彩票嘛！

又过了几天，年轻人再次出现在教堂，重复着他的祈祷。如此周而复始，他不间断地祈求着。

直到半年后的一天，年轻人跪着说：“我的上帝，您为什么不听我的祈求呢？让我中彩票吧！只要一次，让我解决所有困难，我愿终生奉献，专心侍奉您。”

就在这时，圣坛上空发出了一个声音：“亲爱的孩子，我一直在垂听你的祷告，可是最起码，你也该去买一张，而不是捡一张过期的彩票吧！”

看到这里，有些啼笑皆非。年轻人想中奖，但却不肯去买张彩票，拿着别人扔掉的过期彩票，等着好运降临……这简直是白日做梦。不付出行动，任何的梦都不会变为现实。相信在生活中，有不少人都有做白日梦的习惯，然而，美梦终归是要醒的，沉醉于空想之中会让你离现实越来越远，甚至与现实脱节，最后一事无成。

经常会听到一些人毫不在意地说：“如果那样做的话，那我早就不是现在的我了！”这样的言论很是可悲，行动力也许不能给你带来大的成功，但如果你一开始就拒绝行动，那绝对会失败。英国前首相本杰明·迪斯雷利曾经说：“虽然行动不一定能带来令人满意的结果，但不采取行动就绝无满意的结果可言。”在人生路上我们不仅需要一对幻想的翅膀，更需要一双踏踏实实的脚！

学会把事情具体化

当你想做一件事情时，最好用笔和纸记录下来，把要做的事情细致化。这样才不会丢三落四。潜能大师安东尼·罗宾认为，如果要从“布置豪华、设备完善的办公室”跟“使用铅笔与纸”中任选一项来提高工作效率的话，他会选择笔和纸，因为用笔写下来，更能加深自己的记忆。

做好最充分准备

美国企业家亨利·福特有一句名言：“做好准备，是成功的首要秘诀。”的确，充分准备，对于任何行动来说，都是必要的、必需的。俗话也说：机会只会青睐那些有准备的人。只有当我们做好一切准备时，才能在关键时刻顶上去，甚至崭露头角。一般来说，有三个方面是必须充分准备的。一是思想准备。在做任何事情，如果有了思想上的准备，也就意味着事情有一个良好的开端。二是信息准备。古人说得好，“知己知彼，百战不殆”，只有对周边的环境和要应对的问题有一定的了解和掌握，才能打好仗。三是能力准备。能力准备是什么呢？是需要我们具备专业知识和技能、宽广的视野以及掌控局面的综合能力。

再坚持五分钟

古代哲学家荀况说：“骐骥一跃，不能十步；驽马十驾，功在不舍；锲而舍之，朽木不折；锲而不舍，金石可镂。”在黎明前的一刻，往往是最黑暗的时刻，在这黑暗中，一定有不少人缴械投降，认为自己坚持不到黎明的到来。其实，只要再坚持五分钟，事情就会有转机了。

想要成功，就别怕冒险

冒险与机遇是共存的，如影随形。在那难以捉摸的冒险背后，往往隐藏着机遇。想要成功，就不要怕与冒险亲密接触。当我们鼓起勇气去冒险时，很可能正是为人生赢得一次机遇。

人生中不乏机遇，但几乎每一次机遇都可能带有一定的冒险性。

在一次企业演讲中，有人问过讲师一个问题：为什么职业经理人很少有成为大老板的？

这个问题一出，所有的人都在交头接耳，是啊，问题出在哪里呢？讲师示意他们静一静，说道：职业经理人都是高智商、高情商，但成为老板光有这些是不够的。或者说，这不是最重要的。成为一个老板，最重要的就是有胆识，有冒险精神。

瞬间，掌声响起。这话说得一点儿也不错，职业经理人情商高、智商高，但在做事方面想得太全面，估算得比较准确，这也就难免多了一些畏首畏尾。这种行事风格，难免会使机遇悄悄溜走。

海尔总裁张瑞敏先生曾经说过：“如果有 50% 的把握就上马，有暴利可图；如果有 80% 的把握才上马，最多只能得到平均利润；如果有 100% 的把握才上马，一上马就亏损。”这完美诠释了冒险与机遇的关系。

在生活中，我们会遇到这样的情况：在学校里那些名列前茅的学生，在步入社会以后很少有自主创业的。他们大多会选择考公务员或在一家事业单位就职，在他们眼里，铁饭碗才是毕生的追求；在学校里成绩很差的，在步入社会以后充分利用了自己的聪明才智，混得风生水起。这就是不敢冒险与敢于冒险的区别，拿着铁饭碗固然是好，但缺乏了一种胆识，缺乏了一种热情。

你知道比尔·盖茨是靠什么法宝建立他的微软帝国，比尔·盖茨为什么能在竞争激烈的现代经济社会中独占鳌头而经久不衰吗？

这都源自于冒险精神。在比尔·盖茨看来，如果把任何事业中的冒险都消除掉的话，那就相当于消除了一切机遇。他还认为：“如果一个机会没有伴随着一定的冒险，那这种机遇就不值得浪费大量的精力和时间。”

对于他的行为作风，有不少人评论，“比尔·盖茨是一个具有极高天分、争强好胜、喜欢冒险、自信心很强的人，他在本行业的控制力是惊人的”。

事实上，比尔·盖茨从学生时代就已经有冒险精神了。在哈佛的第一个学年，他做出了一个惊人的举动——故意给自己制订了一个学习计划：所有的课程都选择逃课，最后在临近考试的时候拼命学习。这样的冒险做法，是为了证明和检验自己的能力，如何在最短的时间内学习到应该学习的东西，且能得到最高的分数。

考试成绩出来以后，他很满意。通过这个冒险，他清晰地明白了自己身上具备的那些素质——用最少的时间和成本得到最高的回报。

他的冒险精神，让许多竞争者望而却步，甚至举手投降。直到现在，我们也能在他的身上看到绝对不服输，绝对不会退缩，绝对不会忍让，绝对不会妥协！与此同时，他又是一个永远不满足的人。20 世纪 90 年代，他已经成为世界首富，但不满足的心理依然驱动着他，激励着他继续冒险事业。

一次，记者采访他时，他对于不停前进是这样回答的："我最害怕的是满足，每一天我走进办公室时都会问自己，我是否还在辛勤工作？会不会有人在短时间内超过我们？我们公司制造出来的产品真的是世界上最好的吗？我们还可不可以再努力一点儿，让产品变得更好？"

除了在工作或学习上的冒险，比尔·盖茨在生活中也是一个具有冒险精神的人。比如，他最喜欢速度快的汽车和游艇；他曾经一个人驾驶汽车到沙漠旅行；一个人驾驶飞机飞越崇山峻岭；一个人驾驶游艇遨游大海。

虽然我们做不到比尔·盖茨这样冒险，但我们应该培养一下自己的冒险精神。看清冒险的背后，好好问一句自己："为什么害怕冒险？"因为害怕自己失败，别人会耻笑，害怕别人落井下石；因为害怕在向他人伸出援助之手时，反被诬陷，受到牵连；因为不做第一个吃螃蟹的人，就避免了很多麻烦……

当你这样做了，“胆小鬼”也就成了你的标签。既然你看清了冒险的背后有什么，就应该直面它，打败它！

不冒任何风险才是最大的危险。鸵鸟在遇到危险的时候，常常会把自己的头藏在沙土中，这其实是一种掩耳盗铃之举。作为成年人的我们，非常清楚有些事情不是躲避就能过去的，但就是不知道如何坚强面对。

实际上，当你明白“冒险”的心理后，你也会变得轻松一点儿。“冒险”还有心理？的确，冒险也是有血肉的，它也是欺软怕硬的。你稍微弱一点儿，它的气焰马上就会高涨起来。你稍微强一点儿，那它很快就会败下阵来。

因此，我们要时刻记得，最困苦的时候，没有时间去流泪，没有时间去悲伤，更没有时间去犹豫，我们唯一要去做的，就是勇于冒险。冒险可能会让我们一举成名，机遇则可能改变我们的一生。

在哪里摔倒，就在哪里爬起来

俗话说：“在哪里摔倒，就在哪里爬起来。”做人就应该是这样，跌倒了，就拍拍身上的泥土继续站起来，继续奋斗！倘若我们这一次摔倒了，没有爬起来，那就会永远趴下去，再无站起来的机会。

古希腊哲学家德谟克利特曾经说过：“只靠一张嘴来谈理想而丝毫不实干的人，是虚伪和假仁假义的。”

奥里森·马登也说过：“把梦想变为现实，一定要做三件事——一是目标具体化；二是集中精力，全力以赴；三是付诸行动。”

就连美国钢铁大王卡内基，也对行动力和执行力有着相同的理解：“有两种人永远都会一事无成：一种是除非别人要他去做，否则绝不主动做事的人；另一种则是即使别人要他做，也做不好事情的人。那些不需要别人催促，就会主动去做应做的事，而且不会半途而废的人必将成功，这种人懂得要求自己多付出一点点儿，而且比别人预期的还要多。”

行动力不仅是一种好习惯，也是成功者共同的行为准则之一。如果你想要获得成功，那就不要害怕失败，要动手去做，动脑去学。只有迈出第一步，才有后来的第二步、第三步。

可在生活中，总会有人为自己找借口，比如：“毕业后，记忆力就下降了，学什么都记不牢了……”“本来我有一个好的创业机会，可是别人都在做……”“我失败了一次，就不敢再去尝试了，万一再失败了呢……”“身体越来越差了，真想去好好锻炼，可是时间不允许啊……”人们总会有这样的借口、那样的借口。

实际上，成功的人不会给自己找借口，他们是只专注于寻找原因的人。而那些任何事情都要寻找种种借口的人，是注定与成功无缘的。

人生没有来不及，任何时间都可以开始你想做的事情；失败了，重新站起来！一蹶不振，永远不会到达胜利的巅峰，相反，跌倒了再爬起来的人，总是会有成功的希望的。

张海迪也曾经说过：“即使跌倒一百次，也要一百次地站起来。”她用真实的经历验证了不服输、不气馁，在磨难面前永不低头的精神。

面对困难与挫折时，只有充满勇气的人才能占有先机。如果在困难面前畏首畏尾、垂头丧气、瞻前顾后，那么，你只能离成功越来越远。

一个富人见一个穷人很可怜，发善心愿意帮他致富。富人送给穷人一头牛，嘱咐他好好开荒，等春天来了撒上种子，秋天就可以远离贫穷了。

穷人满怀希望地开荒，可是没过几天，日子却比过去还难以维持，因为牛要吃草，人要吃饭。

穷人盘算着：不如把牛卖了，这样的话，还可以换一些钱来买几只羊。可以先杀掉一只羊自己吃，剩下的还可以生小羊，长大了再拿去卖，可以赚更多的钱。

穷人的计划付诸了行动，只是当他吃了一只羊之后，小羊迟迟没有生下来，日子又艰难了，他忍不住又吃了一只。日子仍然很艰难，穷人看到这样的情况，又开始动摇了，心想：不如把羊卖了，换成鸡，鸡生蛋的速度要快一些，鸡蛋立刻可以赚钱，日子立刻可以好转。

穷人的计划又付诸行动，但是日子不但没有变化，反而越发艰难了。他又忍不住杀鸡，在只剩下一只鸡时，穷人的理想彻底破灭了。穷人心想："唉，我这辈子致富是无望了，还不如把鸡卖了，打一壶酒，三杯下肚，万事不愁。"

很快春天来了，发善心的富人兴致勃勃地来送种子，赫然发现穷人正就着咸菜喝酒，牛早没了，依旧是一贫如洗。

面对困境时，一个人做出的抉择就决定了他日后的发展道路。如果一个人不畏艰险，勇敢向前，那么成功一定会在不远处向他招手；如果一个人胆怯退缩，畏首畏尾，那么失败也就离他不远了。优秀的男人应该学会像普京一样果断、勇敢，不因循守旧，也不畏首畏尾，踏着坚毅的脚步一路前行，才能成就自己光明、美好的未来。

人生总免不了要遭遇这样或那样的失败，这就好比我们在海上行驶。风浪大，每一朵浪花都可能是陷阱，是漩涡，是迂回的迷谷，甚至还会遭遇狂风暴雨。此时，你会怎么做呢？是坚持到底，还是转舵回岸呢？

在遇到困难时保持冷静、不断想办法解决问题是一种十分珍贵的品质，甚至有可能在危难当中为自己创造一线生机。

科幻电影《火星救援》就讲述了一个独自被困在火星的宇航员，面对严酷的环境、死亡的威胁，不放弃希望，不断解决一个又一个问题，最终成功返回地球的故事。

对于这位宇航员来说，他的目标只有一个，那就是活下去，活着回到地球。

因此，他要做的事情也很简单，那就是解决一个又一个有可能会让自己死掉的问题：食物不够，他就想办法种植作物；水不够，他就想办法自己制造水；住的栖息舱发生了意外，他就想办法修复舱门；无法与地球取得联系，他就想办法修好已经损坏的通信工具……他利用自己掌握的科学知识和灵活的头脑解决了一个又一个看似不可能的问题，最后终于成功地回到了地球，成就了一个奇迹。

在西方，有这样一则非常著名的寓言：有一只狮子被猎人抓住之后，关进了一只铁笼里。狮子来回地走动，想要找一个方法逃出去。

这时，一只蚊子飞过来，说：“你只走来走去的有什么用？”

狮子说："我正在想办法。"可是，不管狮子怎么绞尽脑汁，却依旧想不出逃走的方法，最后干脆躺在笼子里不动了。

这时蚊子在一边不住地问："想出办法没有，你怎么又不走了？"狮子说："我因为想不到办法，所以要休息，正在耐心地等待机会。"

蚊子还在一边不断地说个没完，狮子终于失去了耐心，大声吼道："你永远这样问有什么意义？我知道自己在做什么，所以我一直在想办法，就算我最后想不出逃走的办法，但我确定自己尽力了，不像你就只知道问来问去，毫无方法可言。"这只狮子即使最终无法从猎人的手中逃脱，但它为之付出了努力，因此它不会留下遗憾。

其实，很多事情都是这样，如果在面对困难时你自己先放弃，认为这个难题是无法解决的，那么即使解决的办法真的存在，对你来说也没有任何意义。

相反，如果在困难面前能够保持清醒，用冷静的头脑去思考问题，努力寻求解决的方法，那么哪怕最后没有成功，但你也可以没有任何遗憾地接受这一结局，因为你已经用尽了全力。

然而，很多人都缺少这种不断想办法解决问题的品质，在遇到困难时往往焦头烂额，完全凭运气左冲右撞，最后往往彻底失去了方向，更不可能获得成功。

在人的一生中，一定会遇到各种各样的困难，只有不断想办法才能让你绝处逢生，否则等待你的一定是失败。

在你做选择前，你要考虑清楚：转舵回岸就是自己向困难投降，没有成功的可能；再想想办法坚持到底就有成功的可能。即便最终失败了，那我们也能找出失败的原因，这就意味着，你离下一次的成功，已经完成了一半的路程。

第四章 风雨人生路，拼的就是高情商

控制情绪是一个不小的挑战

人是一种具有思维和情感的动物，所以每个人都有情绪的波动，这也是人和其他动物的不同之处。对每个年龄段的人来说，控制好自己的情绪都是一个不小的挑战。

克制住自己的脾气或坏情绪，这在任何场合都是一种难能可贵的本领。即便是在日常生活里，不轻易发怒，保持自己的平静心境，也能让你收获到更多的快乐。比如，在等人的过程中，不要总是看手表，数着对方迟到了几分几秒，而是静静地看着这来往的人群，他们的眼里有什么，心里想什么；当参与一个聚会或会议时，不要总是说个不停，强迫别人接纳自己的意见和观念，别人不听还试图说服……

或许会有人说，想哭就哭，想发脾气就发脾气，这是多么率真的性格啊！这么说也不是没有道理，那些把喜怒哀乐都挂在脸上的人，很容易透露出自己的性格，也容易被他人了解，交流起来很轻松。而且，必要的情绪发泄有利于身心健康。

可是，这样管控情绪的方法不利于我们在现实社会中行走。在社会上行走，我们就应该懂得控制自己的情绪，不然后果是很严重的。比如，某天清晨，你开着车去上班，突然有一辆车窜出来，插到你的车道，差点撞上你的车，你当时吓了一跳，随即开始生气。你认为这是一个不好的预兆，做任何事都得小心一点儿了。等你到了公司，发现同事请假没有来，这就意味着你一个人要做两个人的活儿，本来自己的工作没完成，时间就很紧迫，现在……

如果你能调整好自己的情绪，那接下来的“爆发”就有可能摆脱掉。不然，后果真的不可估量。也许你会向上司抱怨一通，把坏情绪转嫁给上司；也许你会打电话给同事，斥责他为什么要请假；也许你会向朋友宣泄今天的不顺利。总之，你的坏情绪总会“感染”到其他人。

世界重量级拳击冠军乔治·福尔曼曾经说过：“对某人生气和不满，就好比是让其免费住在你的头脑中。”19 世纪末美国哲学家威廉·詹姆斯也曾经说：“我这一代人最大的发现是，人通过改变头脑的内在态度，可以改变其人生的外在方面。”很显然，这个问题已经存在很久了。幸运的是，心理学家已经找到了一些有效的控制情绪的方法。当然，这不是一朝一夕就能学会的，这需要持之以恒。

建议一：给自己的情绪充电

在以往，你是不是经常觉得精疲力竭，高兴不起来？你是不是总想像太阳一样，努力地把温暖传递给别人，把阴影的部分留给自己？你觉得这是伟大吗？不是！这是一种自我伤害的方式，这看似伟大的牺牲有时却是“双刃剑”，在消耗你能量的同时，还会让别人有点儿“被情感绑架”的感觉。

所以，我们在平时应该懂得“自私”一下，只有照顾好自己，爱自己，懂得让自己的太阳照耀到自己，才能把温暖传递出去。

建议二：使每一个问题都得到解决

面对问题的时候，应该逐个击破，这样就不会成为日后的隐患了。此外，在解决问题的时候，要集中注意力，把心思放在眼前的问题上，避免胡思乱想或者翻旧账。

建议三：写日记

有时，我们无法正确宣泄自己的情绪，那就可以通过写日记来排泄，把自己的不满或负面情绪写在上面，让自己的心情放松一点儿。

如果我们不跟别人说，也不把负面情绪宣泄出去，那最终只会积压坏情绪，越积越深。时间短的话，会让自己整天闷闷不乐。时间长的话，有可能得抑郁症等。

自控力决定你的未来

自我控制是走向成功必备的素质之一，只有懂得自我控制，才会成为一个成功者。相反，一个人不懂得控制自己，就很容易被惰性、欲望、情绪所左右，也很难在人生中有所建树。

有人曾说：“情绪就像在马路上奔驰的车辆，应该遵循一定的交通规则。”只有这样，车辆才会按照路标、路灯、交警的指示行驶，才能畅通无阻。如果有一辆车逆行，那就会严重影响其他车辆的行驶，甚至造成严重的交通堵塞。虽然有时候，我们无法控制交通，避免交通堵塞，但却可以尽量不参与到交通堵塞中，而是选择其他的路来走。这样做的人多了，那交通很快就会被疏通。同样的道理，我们虽然无法控制灾难的到来，但却能控制自己的情绪，控制自己的行为。

有这样一个故事。年轻人为了生计，新婚的一个星期后就远走他乡去打工。这一走，就是两三年。每当过节时，他就十分想念家中等待的妻子，可他不能回去，他得赚取足够的钱，才能让妻子过上更好的生活。

在无限的美好期待下，年轻人继续坚持着。时间又过了两年，年轻人再也待不下去了。在与同事告别时，年纪稍长的人送了他一句话："记得把你的怒气放到第二天再发。"年轻人牢记在心，背上行囊，踏上了回家的路。

他走啊走，终于在某天晚上回到了自己的家。他想给妻子制造一个惊喜，就敲了一下门，立即躲在窗户旁边。

妻子打开门后，问："谁？"

几秒钟后，妻子又关上了门，她以为自己听错了。

"妈妈，谁啊？"

"妈妈听错了，孩子。"

妈妈？年轻人一愣，接着开始愤怒。自己在外边为家打拼，妻子却做了这样对不起自己的事情。他悄悄探出脑袋，果真看到了一个四五岁的男孩。年轻人越想越生气，拔出腰间的匕首冲进家里，想要结束他们的性命。妻子和男孩被突如其来的一幕吓了一跳，随即，妻子脸上绽放出笑容。与此同时，年轻人想起了智者的那句忠告。他强忍着怒气，到邻居家里投宿。

到了邻居家，邻居已经快认不出他来了，和他聊着最近的变化。年轻人找到一个恰当的机会，向邻居打听自己不在的时候，家里发生了什么事，那个男孩是哪里来的。邻居告诉他，男孩是他妻子收养的弃婴，看着孩子可怜，就自己养了。接着，邻居还夸他的妻子多么善良。听到这里，年轻人惊出了一身冷汗，暗自庆幸在关键时刻想起了那句"记得把你的怒气放到第二天再发"。

否则在愤怒的冲动下，他肯定会干出一辈子都后悔的傻事。

“记得把你的怒气放到第二天再发”说明了自控力的意义所在。一个人在被愤怒冲昏头脑的一瞬间，看事情会很片面，做出的判断也会不准确，甚至是错误的。如果懂得自控，在冷静下来之后，重新审视人或事，才能从全方位考虑一切。

控制情绪首先要控制自己的欲望。很多情绪化的行为与自身的欲望有着不可分割的联系，可以说，负面情绪的表达就是一个人欲望的表达。当其他人的行为不能满足自身欲望，甚至损害自身利益时，个人的行为就会变得简单、原始化，从而出现情绪化。所以，想要控制自己的情绪，必须学会识别和控制自身的欲望，让它朝着更好的方向前进。

此外，学会控制情绪，还要多读书。一个人受教育的水平、阅历丰富与否和自控力也有着极大的关系。但凡一个懂得自控的人，其脸上的神情都是淡然的，因为见得多了，经历得多了，心胸自然也就宽阔了，追求的东西层次也更深了。相反，受教育程度低、阅历较浅的人对情绪的自控力就一般了。当然，这并不是绝对的，但是多接受教育、多读书总是有好处的。

言多必失，沉默是金

沉默并不是一味地不说话，也不是逃避，而是一种成竹在胸、沉着冷静，在神态上更是要表现出一种优势在握的感觉，从而逼迫对方沉不住气，先亮底牌。如果你先沉不住气，那就离失败不远了。

在生活中，我们会遇到许多误解、不理解，甚至是没来由的“脏水”，对于这些外界的施压，有的能解释，有的却不知道如何解释，这让我们有点儿喘不上气来的感觉。此时，就选择沉默吧！时间总会揭开一切事实的面纱，会用事实的力量一拳击碎流言蜚语。

不仅如此，沉默还是话语中短暂的间隙，是超越语言力量的一种高超的传播方式，恰到好处的沉默能收到“此时无声胜有声”的效果。

台湾有一个经营印刷业的老板，或许是年纪大了，就萌生了退休的念头，所以他想尽快处理掉印刷机器，好过清闲的日子。这批印刷机器经过几年使用后，扣除磨损费应该还有 250 万美元的价值。他在心中打定主意，出售这批机器不能低于250万美元。

很快，就有买主找到了他，然后对这台机器讲了很多缺点和不足，这让老板十分恼火。在刚要发作的时候，他想到了那250万美元的底价，又冷静了下来，一言不发。

买主滔滔不绝地讲了半天，见这老板一言不发，买主也不好意思了。买主思索了一下，说道："这批机器最多只能给你350万美元，再多的话我们就只能放弃了。"

老板心里窃喜，竟然比自己估算的多出了100万美元！

瞧，适当的沉默为老板多赚了100万美元。试想，如果老板因买主的挑剔发脾气，那结果会是怎么样呢？肯定是不欢而散，甚至因为几句话而一时冲动大打出手，弄得不可开交。即便两人都不说话，沉默离去，那机器就会被搁置，由于时间的关系，可能得适当降价，连250万美元的价格都达不到。

所以说，适当沉默还是很有必要的。沉默不仅是一种美德，也是一种智慧，更是一种无言的魅力。古语有云："人，慎言，勿多言，多言多败；无多事，多事多患。"也就是说，语言是人与人之间交流沟通的手段，适当的语言真的可以起到关键的作用，但是不假思索或者不加考虑的语言，有时会起到相反的作用。

沙皇尼古拉一世登基后，国内爆发了一场由自由分子领导的叛乱。自由分子们要求俄国现代化，让俄国的工业赶超欧洲其他国家。尼古拉一世残忍地平定了这场叛乱，并且要判处一名领袖李列耶夫死刑。

行刑的那一天，意外发生了。正要实施绞刑时，绳索断裂，李列耶夫摔落在地上。在当时，这样的事件被当成是上天恩宠的征兆，犯人会得到赦免。此时，李列耶夫站起身后向着人群大喊：“你们看，俄国的工业就是这样差劲！他们不懂得如何做好任何事，就连制造绳索也不会！”

接着，信使立刻前往宫殿报告绞刑失败的消息。

“李列耶夫有没有说什么？”尼古拉一世问道。

“陛下，”信使回答，“他说俄国的工业这样差劲，连绳索都不懂得如何制造。”

尼古拉一世冷笑一声，说道：“那就让我们来证明事实与之相反吧！”于是，他撕毁赦免令，让李列耶夫再度接受绞刑。这一次，绳索没有断。

“言多必失，祸从口出”，用这句话形容李列耶夫再合适不过了。如果你想要在言语上逞强或者征服别人，那就选择沉默吧。说得越多，就越可能为自己招来麻烦。像李列耶夫这样，有机会留得性命，就应该珍惜，没想到……所以，我们应该懂得控制自己的言语，尤其避免讥讽别人的言语。沉默是金，不是一句简单的话，而是一门永无尽头的课程，更是一种处世的智慧！需要人们的实践，需要人们的探索，需要人们的逐渐理解！

抱怨是低情商的表现

抱怨是低情商的表现，在面临困境时抱怨命运是毫无意义的，抱怨不但会让自己内心痛苦不堪，还会把事情搞得越来越糟。也许当幸福真正来临时，却被你的抱怨吓跑了。

生活中不乏抱怨的人，他们抱怨没有出生在好的家庭，抱怨自己的天资不够没有考上好大学，抱怨社会的不公、制度的漏洞，抱怨工作的烦琐、薪酬太低，抱怨幸福来得太少……与此同时，他们的眼睛里总是盯着比自己强的人。时间一长，他们的抱怨就更多了，似乎整个世界只有他们是最悲惨的一样。

其实，抱怨没有任何用处，只会让我们的情绪、让我们的生活变得更糟糕。相信我们都听说过这样的故事：一头老驴掉入一个废弃的井中，井很深，根本爬不上去。主人找不到救出驴的方法，就任其自生自灭了。

刚开始时，驴也放弃了求生的念头，它想一定爬不出这口井。

没多久，不知道谁把垃圾倒进井里来。驴生气极了！

“我都快要死了，还这样折磨我！真是太脏了！”驴生气地哼叫着，倒垃圾的人才不管它的不满，只管往下扔垃圾。有一天，驴改变了自己的心态，不再抱怨了。它把那些垃圾狠狠踩在地上，借助垃圾离井口更近一点儿。运气好的时候，还能找到一些食物。

一天天过去了，驴没有被饿死，也没有自暴自弃。终于有一天，驴重新回到了地面。驴的改变告诉我们：碰到任何事情，我们先不要去抱怨，而是观察周围，看看有什么能帮助自己的人或物。接着要更换一种心态，要有一种“任它风吹雨打，我自闲庭信步”的阳光心态。最后要付诸行动，不管面临的环境多么恶劣，需要付出多么艰辛的努力。

1814 年，一个男孩出生于德国法兰克福的一个富豪家庭，并度过了一个无忧无虑的少年时代。天有不测风云，在 1833 年，他的家族因受到政治迫害逃离了德国，来到了瑞士。家道中落，贫困的日子一下子击垮了男孩，他从来没有尝过如此多的艰辛，他的脾气也变得十分暴躁。

偶然的一天，男孩路过一块农田。由于前不久洪水的侵袭，原本长得好的庄稼被摧残得不成样子，满地狼藉，惨不忍睹。看着这个景象，男孩不由联想到自己：这不就是自己的人生吗？残破不堪，惨不忍睹。

就在他自哀自怜的时候，远处一个正在劳作的农民引起了他的注意。庄稼已经变成这个样子了，他还在忙什么？他觉得很奇怪。走近后，他才发现农民正在补种庄稼。他干得非常卖力，脸上看不到一点儿沮丧的神情。

“庄稼被毁掉了，你难道一点儿也不难过，不抱怨这上天的不公吗？”他问。

“难过有什么用呢？抱怨有什么用呢？这只会让事情变得更糟糕。世界上，一切的存在都有理由。现在看来，洪水是毁坏了我的庄稼，但是却为庄稼带来了丰富的养料，长远看，今年一定是个丰收年。”说完以后，农民爽朗地大笑起来。农民的这番话给了他极大的启发。是啊，抱怨是不能改变任何事实的，并且只能使事情变得更糟糕。离开之时，他对农民深深鞠了一躬，以表示感谢，因为自己心中多年来的症结解开了。

多年后的一天，他成了一名药剂师助手。由于他特别喜欢科学研究，在当时，婴儿因没有合适的奶制品，死亡率很高，于是他就开始研究减少婴儿死亡的奶制品。在研制的过程中，他失败了很多次，但他没有再抱怨过。每当他有些想不开的时候，他就会想起农民说的那番话。接着，他就又以更加积极的心态投入到研究中去。1867年，他成立了自己的食品公司，研制出了一种婴儿奶麦粉，成功挽救了一位因母乳不足而营养不良的婴儿的生命。

从此，他的公司步入正轨，走向辉煌。他就是亨利·内斯特莱，他创立的公司叫雀巢。

如果他没有听进农民的话，依旧抱怨着上天的不公、命运的坎坷，那今天我们就看不到、喝不到雀巢了。

阿里巴巴集团董事长马云曾说过：人是退化最严重的动物。跟兽比，人很弱肢，和狗比，人很闻盲，但人类“进化”了抱怨。偶尔为之无大碍，但当抱怨成习惯，就如喝海水，喝得越多，渴得越厉害。最后发现走在成功路上的都是些不抱怨的“傻子”。

世界不会记得你说了什么，但一定不会忘记你做了什么！

他说得非常对。抱怨就像是一副枷锁，禁锢着我们，让我们有些抓狂。我们急切地希望减轻自己身上沉重的负担。然而，我们身上的负担越来越重……停止你的抱怨吧！越是抱怨，我们离快乐越远，离成功更远。你见过哪个成功的人士，整天抱怨上天的不公的？相反，他们把每一次困难都当成是上天对自己的考验、对自己的激励。

不要去抱怨！即便生活有太多的不如意，但我们仍然可以改变自己的生活态度，改变自己的生活。

生气不如消气

生活总有一些小波澜、小浪花，让人很难不生气，不过，这并不意味着没有解决的办法。对待生活中别人的讥讽、辱骂、毁谤，最明智的态度就是漠视它、鄙视它、不搭理它、不在乎它。

心理学家曾说："征服自己的感情和愤怒，就能征服一切。"然而，有很多人都无法掌握自己的情绪，成为情绪的奴隶，陷于愤怒、忧郁、恐惧等消极情绪的陷阱里不能自拔。

生气不如消气，这些气是由别人吐出来的，是因为被你接到口里才变成怒气，如果别人吐出来，你却不接收，那么，它就会烟消云散。

古时候，有一个男人，他有一个外号叫"三圈"，三圈的得名很简单，因为每次生气要和人起争论时，他立即飞快地跑回家去，绕着自己的房子和土地跑三圈。

"三圈"年轻时，在当地的一个财主家打工，有一年的年底，那个财主在结算工钱时，以“三圈”请假三天为借口，扣除了“三圈”一年工钱的三分之一。“三圈”很生气，就和财主吵起来了：一年 365 天，干了 362 天的活，怎么能扣除这么多工钱呢？真是欺人太甚！财主才不跟他讲道理，最后狠狠地甩了一句：“你那三天是旷工，按照规定，我可以拒付你所有工钱，还可以解雇你！给你三分之二，就已经对你很客气了！”

“三圈”气得脸红脖子粗，但也没办法，谁叫自己是打工的？他立即飞快地跑回家去，绕着自己的房子和土地跑了三圈。

当他跑完三圈时，母亲问他：“你绕着房子和土地跑第一圈时，在想什么？”

他回答：“咱们家的房子太小，一圈不够跑。”

母亲又问：“你绕着房子和土地跑第二圈时，在想什么？”

他回答：“咱们家的土地太少，两圈也不够跑。”

母亲再问：“你绕着房子和土地跑第三圈时，在想什么？”

他回答：“我的房子这么小，土地这么少，哪有时间跟人家生气啊！”

母亲欣慰地说：“所以，你所有的怒气都消了吧，以后，就把所有生气时间用来劳作，咱们家一定会富裕起来，那时，你就不用去打工受气了！要开心，要努力，要开心地努力，加油！”

“三圈”步入中年时，经营了一块属于自己的小农场，当地的老财主总是找他麻烦，动不动就去他的农场怂恿工人罢工。“三圈”忍无可忍，就跟老财主吵起来了，老财主说：“我只是来找你的工人聊聊天，而且是在休息时间，你凭什么赶我走？你要是再这样，不让你的工人言论自由，我就去告官！”

“三圈”气得直跺脚，但也没办法，自己没有权力干涉工人的言谈自由！他立即飞快地跑回家去，绕着自己的房子和土地跑了三圈。

当他跑完三圈时，妻子问他：“你绕着房子和土地跑第一圈时，在想什么？”

他回答：“咱们家的房子挺大，一圈下来有点儿气喘。”

妻子又问：“你绕着房子和土地跑第二圈时，在想什么？”

他回答：“咱们家的土地挺多，两圈下来已经开始流汗。”

妻子再问：“你绕着房子和土地跑第三圈时，在想什么？”

他回答：“我的房子这么大，土地这么多，我这么富足，父母安康，妻儿乖巧，哪能犯得上跟人家生气啊！”

妻子欣慰地说：“所以，你所有的怒气都消了吧，以后，就把所有生气时间用来经营事业和家庭，咱们家一定会越来越幸福，你就等着享福吧！要开心，要努力，要开心地努力，加油！”

“三圈”到了老年时，已经拥有全乡最大的庄园，当地的老财主常常带着已成年的孙子，坐在他家庄园的门口的地板上，一定要“三圈”给他一个答复：我家大孙子要娶你家小女儿，做你家的上门女婿，不答应的话，我们就天天来这里。“三圈”气得想揍人，但也没办法，自家的庄园门口，不能不让外人坐呀！他立即转身回家去，绕着自己的房子和土地走了三圈。等他好不容易走完了三圈，太阳都下山了。

小女儿问他：“阿爹，您绕着房子和土地走第一圈时，在想什么？”

他回答：“咱们家的房子太大，一圈下来就吃不消了。”

小女儿又问：“您绕着房子和土地走第二圈时，在想什么？”

他回答：“咱们家的土地太多，两圈下来就得拄拐杖了。”

小女儿再问：“您绕着房子和土地走第三圈时，在想什么？”

他回答：“我的房子这么大，土地这么多，庄园这么美，我夫妻恩爱，儿女成群，我又何必和人计较呢？”

小女儿开心地说：“所以，您所有的怒气都消了吧？以后，您就把所有生气时间用来享受天伦之乐！阿爹，要开心，要享福，要开心地享福，加油！”

俗话说：“好心情常在，坏心情也不时光顾。”一个人心量的大小，取决于他愿意不愿意敞开自己的心扉，即便是一念之差，心门的格局也大不相同。博大的心量，可以稀释一切愤怒，用争气、勇气、和气、大气去化解和取代生气。因此，在生活中，每个人都应该学会调整自己的坏心情，管理好自己的情绪，记住“生气不如消气”。

哭是一种正常的情绪宣泄

有一项调查显示：人的眼泪里含有一种有毒物质，能够毒死白蚁。可见，哭不仅是一种情绪的宣泄，也是一种排毒手段。当你的情绪压抑到一定程度时，完全可以放声大哭。但过后，别忘继续往前。

来自格拉斯科的凯莉，毕业于某政法大学，学的是法律，今年 23 岁，刚刚步入社会，在一家律师事务所做助理。或许是新人的缘故，她工作上总是有点儿小差错。

一次，上司让她影印一些法院的文件，没想到，凯莉却弄丢了一份。她着急坏了，不知道该怎么办。打电话给法院，法院又要她出示一下相关的证件。凯莉是有临时证件的，可是去影印时，就被法院收回去了。

“怎么办？怎么办？”凯莉急坏了。挣扎了许久，她决定把这件事告诉上司。

“很抱歉，我丢失了一份文件。”

“什么文件？”

“就是……就是您叫我影印的法院的文件。”她吞吞吐吐说道。

“什么？”上司一副难以置信的样子。

“你带脑子来上班了吗？明天就开庭了，你现在告诉我文件丢失了？”上司立马变了脸，像扫机关枪一样狠狠批评了她。这个过程中，凯莉只是低着头不说话。

“你的道歉不能弥补所犯的过错，你真是我见过的最糟糕的实习生。”临走之前，上司说了这样一句话。凯莉难受极了！她很想哭出来，但是不行，她不能让别人笑话自己，工作没做好，有什么资格哭呢？

她压抑着，闷声做着其他工作。后来在与朋友的聊天中，她说自己一直没有走出这件事的阴影。之后，凯莉在那家公司待了5个月，合同到期后，就选择离开了。

有多少人像凯莉一样，遇到工作上的错误、上司的批评，不敢哭强忍着的？有多少人像凯莉一样，因为没办法逾越自己的错误，让错误成了心里的一道坎儿，甚至成为一种噩梦，在以后的人生中小心翼翼？

难道凯莉换一个工作，换一个公司，情况就会好转吗？不会的！什么环境并不重要，重要的是懂得改变自己。如果你再遇到像凯莉这样的情况，要懂得该哭就哭。

哭泣是治愈身心的一种手段。当我们号啕大哭时，心中的委屈、愤慨、郁闷一股脑儿地也会被清空。哭，是人类保护自己的一种本能，是一种情绪表达方式，也是释放过后的一种轻松。

也许会有人认为，哭泣是一种对自己懦弱的肯定，是会叫人笑话的。其实，这并没有我们想象的那样严重，有哪个人没有在工作或生活中犯过错误？一个都没有。就连伟大的发明家，也是在一次次犯错、一次次失败中成功的。

所以，不论在生活中还是工作中，都要懂得释放自己的情绪，大胆哭泣。哭不是懦弱的表现，一味沉溺、悲伤、忧愁才是一种懦弱。

会哭的人才会懂得勇敢。压力大、情绪低落，是因为你只看到了眼前看到的东西。在这个时候，如果我们能够换一种思路，变一种视角，你就会发现，压力都是自己营造的。

当压力来临时，只有懂得减压的人才是高情商的人，才是懂得勇敢、懂得重振旗鼓的人。他们能正确看待压力，清楚压力的背后隐藏着什么，并能管理好自己的情绪。

在生活中，我们最常见到的情况就是——一遇到压力，就会有情绪，然后向别人抱怨。其实，与其逢人就诉说苦楚，把伤口一遍一遍翻出来，不如找个地方痛哭一场。哭过之后，洗把脸，微笑着继续前行。

哭泣也是一种信任。有时，哭泣也是进行情感沟通的一种重要手段。当你在别人面前敞开心扉，肆无忌惮地流泪时，就等于在告诉对方：我信任你，才会在你面前表现最真实的自己。当对方收到这样的信号，也会对你进一步表现真实的自己，从而收获彼此的友谊。

心理学家曾经说过：“该哭就哭吧！强忍眼泪等于自杀。”当人感到委屈或精神受到重大刺激时，就会忍不住流泪。如果该哭不哭，一味地忍耐的话，只会变得越来越压抑，随即转移到精神方面，导致失眠，影响食欲，出现悲观厌世，甚至轻生的念头。因此，该哭就哭，千万不要强忍。有些人想哭，但哭不出来，有点儿欲哭无泪的感觉，这时就应该借助一些方法了。比如，切洋葱、听一首哀伤的歌曲或者看场悲情电影等。

当然了，我们还要明白：光哭是不能解决任何问题的，哭只能暂时释放情绪。哭过之后，不要忘记从根本上解决问题。最重要的是，再遇到突发状况，我们应该如何应对。

想征服世界，先征服自己

一个人只有先控制了自己的心态，才能控制自己的世界，才能去构建属于自己的世界。摆不平自己，没有主见，人云亦云，又凭什么去摆平世界？

总听人说起：“想征服世界，首先要征服自己。”只有当你完全掌控自己时，世界才会臣服于你。

在生活中，看轻别人很容易，摆平自己却很难。有句格言说得好：“你必须知道，人们是以你看待自己的方式来看你的。你对自己自怜，人家则会报以怜悯；你充满自信，人们会待以敬畏；你自暴自弃，多数人就会嗤之以鼻。”

这就好像一面镜子一样。只有你积极调控自己，拒绝受制于人，那样才能摆平自己，摆平曾经摆平不了的事情。如果你连自己都摆平不了，那就如同被他人牵着线的木偶。

春秋时期，有个能人叫宾埤聚。某天晚上，他做了一个梦，梦见一个武士像对待奴仆一样对待他，呵斥他，还朝他的脸上吐口水。宾埤聚醒来以后，心里很气愤、压抑，真想再回到梦里，把那个武士揍一顿，可他回不去了。

他越想越气，越气越急。后来，他找到朋友，诉说了自己的梦境，还气愤地说："我活了60多岁，还没有摆不平的人和事，实在是憋气！我一定要找到这个人，讨个公道，如果找不到，情愿以死来洗刷耻辱。"

朋友劝解不下，只好陪着他在人流最多的马路上等了3天，没有等到梦中的武士。宾埤聚败兴而归，回家之后就自杀了，这就是"因梦自殁"的故事。

为了一个梦境，毁了自己，这真是一件愚蠢的事。在没有任何对手的情况下，却倒在自己手里——没有摆平自己，反而被自己"摆平"了。

当然了，像他这样找梦中人报仇的事情很少，但摆不平自己的人比比皆是。其实，这完全是要看自己对自己的控制力，看自己是否有"摆平"自己的本事。

王女士和女儿相依为命3年多了，生活不算富裕，她的丈夫去年在一场车祸中丧生。原本，她可以领取肇事者的赔偿抚慰金的，但她拒绝了。因为车祸的主要原因在于丈夫，即便没有这笔钱，她也会带着女儿好好生活的。

听说她的事迹后，一位记者忍不住想要见见王女士，到底是什么样的女人能做到这样？来到王女士家后，记者被眼前的一幕震撼到了——狭小的房屋干净整洁，王女士穿着大方，身上的衣服很旧了，但很干净。门口摆放着用旧线钩织的拖鞋，女儿伏在干净的小凳上做作业，靠墙的位置摆放着丈夫的遗像。

当记者问她为什么不拿低保，不接受那笔钱时，王女士淡淡一笑："我可以通过自己的双手来创造生活。所有的一切，都已经过去，我不能抱怨，只能昂起头，大胆往前走。"

她的窘境和自信平和的气质，都让记者忍不住流泪，前者为心酸，后者为感动。在我们的生活中，能有几个像王女士这样的人呢？认识自己不难，但战胜自己是件非常艰难的事情。

世事变幻，每个人的生命里都会有各种各样的可能。面对任何"可能"的时候，一定要保持冷静，坚守内心的准则，不然就会被他人影响，随波逐流。一个渴望成功的人，就不应该被他人主导，而是应该自己掌控人生，成为自己人生的主宰。

通过王女士的心态，我们更能理解"摆平自己，才能摆平世界"了，这跟"一屋不扫，何以扫天下"有着异曲同工之妙，只有把"小我"做好了，才能朝"大我"迈步。那么，我们如何做到先摆平自己呢？

冷静思考，认清自己是摆平自己的第一步。当我们一看到不如自己优秀的人升职加薪，就会气不打一处来。明明自己的能力更好一些，为什么别人却……为什么本应该属于自己的功劳，却被别人抢了去？为什么……不要着急！

静下心来，先调整一下自己的心态。即便你是千里马，你也应该多给伯乐一些机会啊。不要因为伯乐没有发现你，你就开始自暴自弃，甚至还偏激地认为伯乐有眼无珠。这样的做法大错特错！此时，你要做的就是在学习中坚持，在坚持中蓄势。

生活中，难免会遇到一些难题或窝火的事儿，我们很愤怒、生气，甚至想把人揍一顿，把事儿推得远一点儿，但这都无济于事。

越是这样，事情可能被我们弄得越糟糕。此时，我们应先平息怒火，重新审视自己，多从自身找问题。

接下来，我们要把大目标分解成小目标。当想要完成一件事情时，我们没办法一口吃个大胖子，而是要一口口吃。所以，我们不妨试试把大目标分解成小目标的方法，一点点儿实现目标。总有一天，你会摆平这些小事情。

宽恕世界，包容万物

释迦牟尼说："以恨对恨，恨永远存在；以爱对恨，恨自然消失。"学会宽恕他人，尽管他们曾给我们带来无尽的痛苦。宽容的行为一旦产生，我们的内心便会获得永远的安宁与平静。

法国作家雨果曾经说过："世界上最宽阔的是海洋，比海洋宽阔的是天空，比天空宽阔的是人的胸怀。"

宽容可以包容人间万物，可以与人为善，可以化干戈为玉帛。

艾美是个苏格兰少女，自小父母双亡，跟弟弟瑞查相依为命。16岁那年，在纽约的姑妈邀请艾美和瑞查去美国度假，这让他们一度感到很高兴。

可没想到，此次出行竟然变成了一场厄运。在他们到达纽约的第三天，弟弟瑞查就遭遇了一次劫持。由于情报的错误，特警营救小组的负责警官霍尔在行动中，只解救了4名人质，忽略了另一间房里的匪首和瑞查……最终，年幼的瑞查命丧于此，姐姐艾美痛不欲生，那可是她唯一的亲人啊！

很快，媒体把矛头指向了霍尔警官，指责他不够专业，不够细心，白白害掉了一条生命。在一片责难声中，霍尔默默地帮艾美料理完瑞查的后事。

艾美返回苏格兰那天，霍尔特意买了11朵玫瑰放在了瑞查的灵柩上。那是一种叫作洛丝玛丽的水红色玫瑰，在苏格兰语里洛丝玛丽的意思是“死的怀念”。

“对不起。”霍尔低着头，说出了这几天的第一句话，他甚至不敢去看艾美的眼睛，他害怕年轻的姑娘伤心的模样，都是他的错，他的错，他现在无比悔恨，他恨不得用自己的生命去换取瑞查的生命。可是，一切都来不及了。

从此以后，每年瑞查的忌日，艾美都会收到11朵寄自美国的洛丝玛丽。她知道，那是霍尔寄来的，不过她没有同他说过一句话，只是会把这束花送到弟弟的墓前。

时间过得很快，一晃6年过去了，艾美再一次来到纽约看望姑妈。临走的时候，她想起霍尔警官，决定来看看他。可没想到，警局的人告诉她，霍尔警官早就辞了职，没有了固定的工作，甚至开始酗酒，人也变得日渐消沉，妻子也跟他离婚了。

艾美听后，心中顿时不是滋味。她知道，一切都是因为那场意外。她想去劝劝他，一切都结束了，结束了。

两个月后，她在特伦顿的一个小镇上找到了霍尔。原来，那件事后，霍尔就独自居住在镇上小教堂的后院，忏悔自己的错误。艾美推开房门，发现了醉得不省人事的霍尔。艾美不敢相信，这个肮脏的醉鬼会是当年那个年轻帅气的警官，短短6年中，他的变化太大了。

艾美退出小院的时候，不经意间看到院子里竟然种满了洛丝玛丽。教堂的神父告诉她，每年夏天，在这些玫瑰开放的季节，霍尔都会将花剪下来放在小镇墓地的每一个墓碑前，好像那就是他的工作。

“只有那个时候他才是清醒的。”神父开玩笑似的说道。艾美苦笑着，没说什么。到了夏天，艾美又来到了霍尔的小院子里，院子里的洛丝玛丽争相长出了花蕾，漂亮极了！

正在院子里整理洛丝玛丽的霍尔，抬头看见了艾美，他停下了手里的动作，不知道该怎么办。当年的那个错误又一次冲击着他的神经，他慢慢低下了头，眼睛里泛出了泪花。

艾美走进院子，对霍尔说：“谢谢你这 6 年来送给瑞查的洛丝玛丽，它们真漂亮。”

霍尔缓缓抬头，说道：“对不起，要不是我的失误……”

艾美打断了霍尔：“一切都结束了！霍尔警官。”接着，她拉着霍尔的手向院子外面走去，那里正在举行一个热闹的庭院聚餐会。

艾美一边兴致勃勃地为他介绍那些陌生客人：“这位是吉米，小伙子刚从大学毕业，已经在一家证券公司做了 3 个月的经纪人；那位是菲斯太太，曾经是个小野猫似的姑娘，可自从嫁给一个波士顿的律师之后就安分地做起了家庭主妇；这位是哈德森先生，他是纽约的一个唱片发行商，有两个儿子在念中学，太太正怀着第三个孩子；那边跟女孩子们逗乐的是鲁，他是个演员，下个月有出新戏要打进百老汇……”

霍尔看着这些陌生的面孔，不解地问：“可是……我并不认识他们。”

艾美微微一笑，说道：“看来你的记忆退化了！你真的不记得他们了吗？他们是当年你从匪徒枪口下救出的那4个人质啊！”

一说起这个，霍尔又悲伤起来：“可是……瑞查不在这里，我不能逃避自己的那份责任，我没有办法原谅自己。”

“瑞查永远不会在这里了，但这不能成为一个人失去自信和消极生活的理由。”艾美握着霍尔的手温和地说，“你看，正是因为当年你果断的营救，四个人质才能活下来。你瞧，他们多快乐啊！如果对死者的怀念会给生者的心灵笼罩阴影的话，那么，那些洛丝玛丽将失去真正的价值。”

此时，霍尔若有所思起来，可以看到，他的眼神开始发亮。

瑞查的意外，让霍尔始终不肯原谅自己，他辞去了工作，开始酗酒，还毁了自己的家庭。他想靠这样洗脱自己的失职……可在艾美眼里，霍尔的变化只能让亲人和朋友难过，并不能改变什么。瑞查已经离开了这个世界，霍尔再赎罪，都没办法改变这个事实。所以，活着的人要好好活着，就是最大的报答。

为了改变霍尔，艾美带他走出自己灰暗的世界，来到了被他救下的人面前，这些人生活得很幸福，他们现在的一切，都是因为霍尔的相救。

此时，霍尔才真正明白，不是别人不肯宽容他，是他不肯宽容自己。如果他也能为自己埋下一颗宽容的种子，那他的世界就像是那片洛丝玛丽，不是代表对不起，而是一片美丽的景色。

宽容，是一种传统美德，也是一种自救的方式。在每个人拥有它的同时，它就会在世界各地生根发芽，开出绚烂的幸福之花。

相反，如果我们丢掉了宽容，那它就会立即枯萎，让我们生活在一片黑暗的、没有色彩的苦闷之中。

宽容这世界的不美好，世界就会变得越来越美丽。

没有坎坷的经历，何来日后的辉煌

没有坎坷的经历，哪里会有日后的辉煌？困境可以锻炼一个人的品格，也可以激发一个人向上的勇气和潜力。所以，我们应该对痛苦、对挫折由衷地说声“谢谢”，因为它为我们创造了更大的可能。

所谓“天将降大任于斯人也，必先苦其心志，劳其筋骨，饿其体肤，空乏其身，行拂乱其所为，所以动心忍性，增益其所不能”，没有哪一个成功者不是从苦难中走过来的，苦难越是让我们感到痛苦，那我们就会成长得越快，收获得越多。因为，痛苦是上帝的恩赐，是我们走向成功的台阶。

某天，有个女孩看见一只即将破茧的蝴蝶在茧里痛苦地挣扎，就屏气凝神，透过茧上的小孔观看。

她等啊等啊，过了十几分钟，也没有见到蝴蝶出来。

女孩自言自语：“是不是它累了，需要休息一下？或者，它没办法挣脱茧。”

“哎呀，真是个可怜的小生命。我得帮帮它。”女孩这样嘀咕着，然后跑回家找了一把小刀，她小心翼翼地用小刀轻轻地划开小孔。很快，蝴蝶很容易地破茧而出。女孩欣喜若狂，终于帮到了蝴蝶。刚破茧的蝴蝶身材瘦小，翅膀很小，一副无力的样子。

不过，她相信蝴蝶是可以飞起来的。她耐心等待着，等蝴蝶飞起来后，她一定要把自己的善举告诉小伙伴们。只见小蝴蝶缓慢地往前爬着，翅膀也不抖动一下。她等啊等，蝴蝶依旧没有飞起来。女孩有点儿着急了，怎么办呢？她决定回家求助妈妈。

待女孩把事情一五一十告诉妈妈后，妈妈已经明白蝴蝶为什么飞不起来了。见女儿一副快要哭的表情，妈妈耐心地说：“这只小蝴蝶在没有成为蝴蝶之前，只是一只小虫子，并且要苦熬一年甚至多年，才可以像其他蝴蝶那样，奋力冲出茧的束缚，化茧为蝶，飞向花丛。可惜，因为你的帮助，没有经历过破茧时痛苦的挣扎，便不能在茧的挤压下让翅膀变得坚硬起来。现在，它也只能“望花兴叹”了，不仅如此，它还会因为吸吮不到花蜜，在短时间内很快死亡。”

“原来，破茧的痛苦挣扎对它是这样重要啊！”说着，女孩深深低下了头。

只有经历痛苦的挣扎，它才能成为蝴蝶。没有经历痛苦的挣扎，也只能成为一只不会飞的虫子。可见，痛苦的挣扎对蝴蝶至关重要，对人也是这样。在我们学习和成长的过程中，痛苦与挣扎同样不可缺少，只有面对痛苦，我们才有破茧成蝶的机会。

我们应该感谢苦难，感谢它磨炼了我们的能力，感谢它让我们更加清醒，感谢它让我们学会面对。

强森是一个连自己的名字都不会写的校工，新上任的校长以“不识字”为由辞退了他，心灰意冷的强森离开了校园。

在一个偶然的契机下，强森开了一家专门卖香肠的小店。由于他经营有善，在多年后的一天，强森竟然成了一家熟食加工公司的总裁，这在他自己看来，完全是不可思议的，他从未想过一个不识字的校工能成为一个老板。

现在他的香肠连锁店已经遍及大街小巷，某天再见到当年辞退他的老校长，强森诚恳地说：“真感谢您当初辞退我，让我摔了跟头，体会到了痛苦，失落悲伤过。后来，我才看到了自己还能干更多的事情。不然的话，我现在肯定还是那个靠退休金过日子的校工。”

正是因为痛苦和磨难，强森才有了不一样的人生。不经历风雨，怎么见彩虹？只有经历了风雨，经历了痛苦，我们才能清醒，才能面对。如若不然，痛苦就会将我们淹没……

无论你正经历着什么磨难，不要伤心，不要难过，正是有了它，才让我们有了劈开荆棘，所向无敌的机会。

第五章

把职场当战场，只为梦想去拼命

你在为谁拼命工作呢

许多人对自己的职业生涯定位不清晰，不知道在为谁工作，为谁负责。会经常与其他人相比较，比较待遇、比较工资等。之后又会感叹：“怎么这么不公平？”可是，扪心自问：“工作对你意味着什么，是一份维持生活的薪水，还是一份成就自己的人生事业呢？”

在励志电影《为人师表》中，有这样的一段话：“在大家毕业离开前，我有一件事要提醒各位，记住千万不要为了钱而工作，不要只是找一份差事。我所说的‘差事’是指为了赚钱而做的事情，工作是不一样的。你对工作应该有非做不可的使命感，并且要乐在其中，甚至在酬劳仅够温饱的情况下，你也无怨无悔地投入这项工作，因为它是你的生命。”

如果你能够以对待事业的态度来对待工作中的每一件小事，并把它们当成使命，你就能发掘出不一样的心态和价值，即使是再烦闷、枯燥的工作，你也能从中感受到价值。可在生活中，并不是每个人都能把梦想看成事业，把工作看成事业。在他们眼里，前仆后继进入职场，只不过是为了糊口，为了有一份工作而已。

有个女人死后，去了一座金碧辉煌的宫殿。这时，一位天使走过来对她说：“这里是天堂，你以后就在这里居住。”

女人问：“这里需要工作吗？我在世间辛辛苦苦地忙碌了一辈子，现在只想吃，想睡，我讨厌工作。”

天使笑笑回答道：“这里有山珍海味，你想吃什么就吃什么，这里有舒服的床铺，想睡多久就睡多久，不会有人来打扰你。而且，你什么都不用做。”

听到这里，女人高兴极了！

刚开始的几天，女人觉得幸福极了，这里真的是天堂啊，吃了睡，睡了吃。一个星期过去了，女人有点寂寞和空虚，难受极了！

接着，她找到天使抱怨着：“这种每天吃吃睡睡的日子太没意思了。我对这种生活已经提不起一点儿兴趣了。你能否为我找一个工作？”

天使答道：“对不起，我没办法满足你。”

女人败兴而归。

时间一天天过去，女人实在忍不住了，又去见了天使：“这种日子我实在受不了了。如果你不给我工作，我宁愿去下地狱！”

此时，天使轻蔑地笑了：“你认为这里是天堂吗？这里本来就是地狱啊！”

可见，无聊空虚比工作的劳累更加让人无法忍受。一项科学研究结果显示：长期不动大脑，长期缺乏思维锻炼，将会导致大脑萎缩，易患老年痴呆症，这个概率是常人的 2.5 倍。

上天给了我们一双腿、一双手、一副躯体和一颗大脑，就是让我们行动、劳动、享用和思考。人活着，总要做点儿事的，不然不是疯掉就是废掉。就像故事中的女人，她以为什么都不做就是天堂。不对，那是地狱！无所事事就是另一种可怕的地狱，无聊、空虚。相反，那些有事做，懂得为梦想卖命的人，才能找到自己的价值，才能充实起来。女人认为在世间忙碌一辈子太累了，其实是她没有找到忙碌的目标。或许在她眼里，做完一天的任务，就算是有交代了。

不是这样的！工作是消除乏味、创造生活的最好药剂，只要你找到好方法，懂得你在做什么，就能享受忙碌了。

比尔·盖茨是这个世界上最富有的人。2015 年 5 月，他的财产净值已经突破 800 亿美元。可以说，他每一分每一秒都在进账。有人开玩笑说，假如盖茨掉了 1000 美元，他都懒得去捡，因为他去捡要花掉 4 秒钟，这一弯腰就能赚回 1000 美元。然而，比尔·盖茨每天都在工作。比尔·盖茨说：“软件改变世界，这种趋势相信在我的有生之年会继续下去的，所以那也是我终生的工作。”

由此可见，我们工作不仅仅是在为别人“卖命”，更是在为自己“卖命”。现在，就让我们听从使命的召唤，以老板的心态，去启动自己事业的程序吧！

在部分人的眼里，工作就是雇佣和被雇佣的关系。老板付酬金，我工作，老板从中赚取更多的利润，而我仅仅是为了拿一份可怜的薪水。如果抱着这样的心态，那工作就会产生消极的情绪，不会付出全部的努力，更无法快速融入工作，干一番事业了。

看看那些成功人士，一直在做些什么，无论是为自己还是为他们，他们就是这样“闲不住”。其实，只要你的付出大于所得，能力大于位置时，老板自然会给你升职加薪，给你更多的机会以及创造的空间。

要知道，既然你选择了一份职业，那就要接受它的全部。身处于职场，我们要懂得感恩，感恩上司对你的提携，感谢同事对你的帮助，感谢他人给了你一个平台，让你跳得更高。相反，如果你轻易离开，那就意味着你一无所有。俗话说，做生不如做熟，带着一份感恩的心吧。

此外，我们还要学会调整自己的心情，带着快乐来上班。在职场中，心情占有很大的比重。心情好了，做事就会很积极，效率也会高一些。心情不好了，做事就会心不在焉，影响工作进度，甚至影响整个公司的正常运营。如果我们能把怨气、不满、坏情绪丢在门外，把快乐带进办公室，那周围的人也会受到影响，继而热爱工作，将工作看成事业来奋斗。

忠诚的员工才是好员工

对老板们来说，忠诚的员工才是最好的员工。忠诚远远胜于能力，一个人只有忠诚才能为公司、为企业贡献。倘若一个人没有了忠诚，那他再有能力也不是老板们所需要的。

那些既有能力又忠诚的人才是大老板们梦寐以求的人才。无论是员工还是合作者，都需要一颗忠诚的心，只有这样才能被委以重任。不然，只会成为一个被无视，甚至被辞退的失败者。试想：如果你是老板，你愿意用一个对自己不忠的，却能力非凡的人吗？

当然不会！

孙俪最近感到很苦恼，她思前想后，怎么都想不明白自己为什么会被炒鱿鱼。难道是自己的业务能力差？不对啊！自己能力突出，才华出众，是公司里公认的业务骨干。去年年底，还受到了总公司的表彰，得到了五千元的奖励。难道是自己业绩不够突出？应该也不会啊！在公司里，自己的业绩首屈一指，好多同事都私下请教自己有什么秘诀。难道是没有处理好人际关系？也不会啊，平时自己能说会道，大方随和，对领导礼貌有加，对同事也是能帮则帮，闲暇时还会一起逛街吃饭呢。这究竟是为什么呢？

为此，孙俪找到了平时关系不错的部门经理一探究竟，王某吞吞吐吐的样子让孙俪有些发毛。

“你就直说吧！”孙俪直爽地说道。

“好吧，既然你这么说了，那我就直接说了。你的确很优秀，业务能力很强，人缘也不错，有团队意识，是个人才。不过，大老板知道你在外面还有份兼职……他认为与能力相比，忠诚守信对公司更重要，所以……”

此时，孙俪才恍然大悟。怪不得前几天老板问起她是不是在外做兼职，因为自己是利用下班时间做的，也就直言相告说“为自己赚点儿外快”。可没想到，这成了断送职业前途的导火线。

孙俪追悔莫及。她再才华横溢又怎么样呢？缺了忠诚，老板也看不上她。

职场中的“热门选手”大都是业绩优异的员工，但在老板眼里，忠诚度比工作能力更重要。美国心理专家罗伯茨·希姆指出：“在聪明和忠诚面前，老板的选择永远是后者。”

在一项对世界著名企业家的调查中，当问到“你认为员工应具备的品质是什么”时，他们无一例外地选择了“忠诚”。

一个人的忠诚，无论在社会、在家庭或是为人处世，忠诚都是一面永不褪色的旗帜，每个人、每个团队都须依靠它来生存和发展。因此，千万不要自作清高，认为只要做好分内工作，达到出色业绩，就能升职加薪，就能高枕无忧。那就大错特错了！如果在工作中，老板感觉你卖弄小聪明、不值得信赖，就像孙俪那样，自恃能力突出，劳苦功高，利用工作之余为自己“揽私活”“谋福利”，其结果肯定像她一样，被老板清扫出门。

心理学普遍认为，老板和员工是非常矛盾的统一体。从表面上看起来，两者之间存在着对立性。比如，老板希望减少人员开支，而员工希望获得更多的薪酬。从更深的层面看，两者之间存在统一性。比如，公司需要忠诚和有能力的员工，只有这样，公司才能很好地运行，而员工必须借助公司这个平台和跳板，才能跳得更高，才能获得自己所需要的物质报酬和精神需求。

所以，我们应该明白忠诚对自己、对公司、对老板的重要性。“忠诚胜于能力”，这是美国海军陆战队200多年来最重要的作战箴言，也是世界500强企业选人、育人、用人、留人的重要标准。皇帝需要他的臣民忠诚，领导需要他的下属忠诚，丈夫需要妻子的忠诚，妻子需要丈夫的忠诚。从古到今，没有哪个老板不需要忠诚的。如果孙俪早点儿认识到这一点，那她的职业生涯一定大有作为。

那么，在对公司忠诚的这方面，有什么好的建议吗？

命运相依性

命运相依性指的是把自身的前途和命运与企业的发展紧紧联系在一起。通俗地讲，就是：企业好，我就好；企业不好，我也不好。一个企业就是多元化的大家庭，成员来自不同地区、不同层面，有着不同年龄、不同阅历，从进入这个大家庭起，就注定着个人的前途和命运要与企业的发展紧紧联系在一起。所以，每个员工都应该多发挥主观能动性，当我们真正把自己的前途、命运融于一个大家庭中，就会充满信念，充满希望。

工作主动性

发挥主观能动性，干好本职工作，是一个企业对员工的基本要求，也是衡量一名员工是否忠诚于企业的标准之一。在完成本职工作的前提下，发挥自己的聪明才智，为企业多做些工作，多干一些有意义的事。

言行一致性

一个人忠诚于企业与否，不是看你说什么，而是看你做什么。看你的行动上是否与企业保持一致，看你是否为企业尽心尽责。作为一名员工应该襟怀坦白，对企业或领导的决策有不同意见当面说出来，阐明自己的观点，或者保留起来在合适的场合再沟通，绝对不能表面去“迎合”，背后发牢骚或在行动上使“绊子”。

把工作当成乐趣，而非一种谋生手段

不要把工作看成是一种谋生手段，而应该把工作当成一种乐趣，这样你才能为工作投入，甚至会为它痴迷。当你为它痴迷之时，它自然就会让你感到快乐。

一家国外媒体举办了一次有奖征答，问题是："在这个世界上谁最快乐？"经过一番收集和整理，答案终于揭晓：正在筑沙堡的儿童；忙碌了一天，为婴儿洗澡的妈妈；作品刚完成，自己吹着口哨欣赏的艺术家；千辛万苦开刀之后，终于挽救了危急患者生命的医生。

这四个答案都有一个共同点，就是在做些什么，无论为自己还是为他人。由此看来，工作着的人是最快乐的。确切地说应该是——正从事自己喜爱工作的人是最快乐的。

美国维亚康姆公司董事长萨默·莱德思通在将近63岁时，才开始着手于建立一个庞大的娱乐商业帝国。63岁，在多数人看来是尽享天年的时候，他却做出一个重大的决定，重新回到工作中。像他这样，在退休以后又重新回到工作中的例子还有很多，他们追逐的是金钱吗？当然不是。对于这个问题，萨默·莱德思通有自己的看法："实际上，钱从来不是我的动力。我的动力是对于我所做的事的热爱，我喜欢娱乐业，喜欢我的公司。我有一种愿望，要实现生活中最高的价值，尽可能地实现。"

是的，正是这种喜欢、这种享受、这种想要实现价值的心态促使他们热衷于自己所做的事业，并不仅仅是为了名和利。在这些人群中，完全不乏那些"视金钱如粪土"却全身心投入工作中的人。

萨姆尔·沃克莱的工作就是旋螺丝钉，日复一日，年复一年。慢慢地，萨姆尔·沃克莱开始感到无趣了。每天一上班，看着那一大堆等待自己去旋车的螺丝钉，他就开始想：我干什么不好，为什么偏偏来旋螺丝钉呢？后来，他就去找老板调换工作，甚至想过辞职，但都行不通，车间离不开像他这样的人。无奈的他纠结了几天，最后找到了一个积极的办法，使单调乏味的工作变得有趣起来——他和工友开展比赛，看谁旋螺丝钉快。

工友和他颇有同感，一直认为这个工作无聊至极。有了这个比赛，他们也有了激情，工作起来再也不像以前那样乏味了，效率也大大提高了。没过多久，他们就得到了上司的注意，被提拔到新的工作岗位上。多年以后，沃克莱成为著名的鲍耳文火车制造厂的厂长。

可见，当一个人做着他适宜且喜欢的工作，那么在工作中就会发挥出他最大的才华、能力和潜在素质，不断自我创造和发展，从而满足了自我实现的需要。

只有在追求“自我实现”的时候，人才会激发出持久强大的热情，最大限度地发挥自己的潜能，最大限度地服务于社会。这种热情不只是外在的表现，它发自内心，来自你对自己正在做的某件工作的真心喜欢。

其实，能工作，并且热爱工作，是一件非常幸福的事情。如果不是这样的话，为什么已经位高权重的希拉里还在政坛拼命打拼，还会宣布参加下一次的总统竞选？为什么拥有净资产达突破800亿美元的比尔·盖茨还坚持每天工作？为什么拥有近2亿美元财富的大导演史蒂芬·斯皮尔伯格还要不停地拍摄电影？

正如奥地利著名心理分析专家威廉·赖克所说的那样：“爱工作和知识是我们的幸福之源，也是支配我们生活的力量。”这，就是工作的魔力。当然，主要原因在于他们找到了职业生涯中的真爱。真爱是什么，是不分高低贵贱、贫穷富有，都不会轻易放弃的东西。只有在职场中觅得真爱的人，才能收获激情和快乐，收获财富。

那么，我们如何找到自己的职业“真爱”呢？

扔掉“工作不能兴趣使然”的错误观念

从小，就有长辈告诉我们：“干一行，爱一行”，工作不能凭兴趣。而很少有人告诉我们，要先了解自己：你喜欢什么？有什么特点、特长？我们来做一个小实验，对着镜子问一问自己：想一想在你所从事过的工作中，哪段经历最让你难忘？为什么？

在陈述这个难忘的经历中，你会流露出自己最自然的一面，或许激动不已，或许滔滔不绝，或许两眼放光……究其原因，原来有潜在的兴趣使然。所以，无论你从事什么职业，处于什么位置，兴趣是最大的推动力。

不要在意职位称呼

在面试中，面试官经常会问面试者："你最想做什么？"大多数人会直接回答"我想做经理助理"或"业务拓展经理"，甚至是"实习生"。其实，这个职位名称是什么不重要，重要的是我们要"解剖"职位，找到这个职位的本质是什么以及发展方向，然后再看看它是否和自己的兴趣相吻合。如果是的话，那你可以去尝试。如果不是的话，趁早转移方向。方向错了，再大的兴趣，再饱满的热情，也会被错的方向磨光。

拖延是种病，剥削着好时光

英国作家王尔德曾说，如果你浪费了自己的年龄，那是挺可悲的。因为你的青春只能持续一点儿时间——很短的一点儿时间。所以，想到什么就去做，我们不要让自己陷入拖延的陷阱中。

生活中，很多人总是不经意地陷入一种拖延的生活中。学习时，会说“太晚了，明天再学吧”；工作时，会说“太累了，晚点儿再弄吧”；家庭中，会说“明天抽出一天把所有的事情都干了吧”……这样的拖延，结果可想而知。拖延，对每个人都是一种病，甚至是成功路上的绊脚石，不信，你可以往下看。

汤姆大学毕业后，来到一座沿海城市，向一家电器集团投递了求职申请书，想要成为市场部主任助理。经过笔试和面试的选拔，汤姆如愿在一群竞争者中脱颖而出。正式上班那天，主管问汤姆：“你认为自己最大的优势是什么？”

“我最大的优势是时间观念较强，不会浪费掉任何不该浪费的时间，我做事计划可以精确到以秒计算。”看汤姆自信满满，主管很高兴，公司就需要这样富有活力，且不喜欢浪费时间的人。为了欢迎他的入职，主管决定为他开办一场入职派对，6点半在某酒店开始。

简单地谢过主管后，汤姆问：“请问从员工公寓到酒店需要多长时间？”

“打车只需15分钟，公交车25分钟，走路就需要很久了，哈哈。”主管开了个玩笑，汤姆一下子就轻松了。

5点下班，半个小时收拾，休息一会儿，还有1个小时供他使用。回到员工公寓后，汤姆先在床上听了两首音乐，小眯了一会儿，接着才不紧不慢地打扮一番，朝目的地走去。遗憾的是，出租车并不像他所预料的那样，需要15分钟到达，而是需要30分钟，因为堵车情况太严重。为了早点儿到，他只得放弃乘车，改乘坐地铁。就在他气喘吁吁地出现在目的地后，已经晚了5分钟。

看到他这个样子，主管显然有些生气，他严肃地问汤姆：“你的时间观念哪儿去了？”“很抱歉！我来晚了。我在出门前，已经精确地计算过我需要来的时间，并且能提前到。可没想到，我遇上了堵车……后来……”

“好了！”主管打断了他的话，继续说道，“尽管你已经尽快赶来，但你还是迟到了，不是吗？我记得你说过，不会浪费任何不该浪费的时间。可是，现在，你，浪费了大家的时间。”

这让汤姆一下子没了底气：“真的很抱歉，您为我举办入职聚会，但我却迟到了……”

看汤姆满脸歉意，主管拍了拍他的肩膀，意味深长地说：“身处于职场，不仅要懂得对自己负责，还得为其他人负责。要知道，时间就是金钱。幸亏这只是一次聚会，倘若是签合同呢？没人愿意为你多等几分钟。就因为短短的几分钟，你就有可能失去一个大单子。”

汤姆点点头，表示认同。主管继续说：“迟到，一下子就能折射出个人的职业素养，即使他平时表现再好，关键时刻也会打折扣。”

“您说得是，我一定好好记住今天的迟到。”

这次迟到，给汤姆好好上了一课。聚会回去后，他把自己所有跟时间相关的钟表都调快了 5 分钟。5 分钟，足够提醒他要做的事，要把握好的时间。说也奇怪，自从把时间调快了 5 分钟，他无论做什么事，都没有迟到过，不仅获得了同事的赞扬，还获得了客户的称赞和好评。

没过多久，他就被主管提拔。

一次意外的迟到，让一向有时间观念的汤姆在主管面前丢了面子。也就是这偶然的一次事件，他把表调快了 5 分钟。这调快的 5 分钟不仅是对他的警示，更是对自己合理把握时间的导航。就是这个小小的行为，让汤姆在同事和客户面前赢得了不错的口碑，还获得了晋升机会。

这样一个尊重自己时间、尊重他人时间的人，理应会得到别人的尊重。相信在不久以后，汤姆还会在职场上得到晋升的机会。我们为什么这么肯定？因为没有一个老板、没有一个同事不喜欢这样的人。

在平时，我们见惯了那些迟到的人，还为自己找各种各样的借口。但是，你要明白：借口之所以叫借口，是因为它仅仅是借口而已，不能为你带来其他更好的结果，还会让等待的人心灰意冷。久而久之，迟到的借口就会影响到我们的心情、学习、工作以及生活。

此时，我们不如把表调快 5 分钟，给自己多赚来几分钟，不至于干什么都像绷着弦一样。把表调快 5 分钟，就能换来一天的轻松，真是何乐而不为呢？

在生活中，我们搁置了多少想法、多少梦想、多少计划，这一切都源于自己的决定没有坚决地付诸行动，而又为自己找了无数借口。人生在世，我们想要离成功近一些，想多做点儿有意义的事情，就要拒绝拖延。

快点儿行动吧，你还在等什么呢？

在与对手的较量中，不要急于发动进攻

职场就是一个没有硝烟的战场，它的残酷程度丝毫不亚于真正的战争。在与对手的较量中，无论自己处于什么位置，都不要急于发动进攻，而是要先想一想如何巩固后方，不要让对手乘虚而入，更不要因为细节让自己全军覆没。

正所谓“小心驶得万年船”，如果真的因为一个不小心让自己陷入万劫不复之地，真是连哭都来不及！

王清是一个心直口快、工作能力强的人，很受上司的青睐。最近，公司总在传有人要被“发配”到附近山区的小县城里三个月。王清听闻后，窃窃自喜，她心想：一定是自己发的那封邮件起了作用。

到了周末，这个消息已经得到证实。消息的确是真的，可被调走的人不是李丽，而是王清……王清揉了揉眼睛，怎么也不肯相信这是事实。她去找上司，上司摇摇头，说无能为力。

这是怎么回事？我没做错什么啊！王清一个劲儿地问自己。接下来的几天，她上班也没了热情，整天胡思乱想。

“真是个蠢女人！”李丽看见一脸愁容的王清，幸灾乐祸地说道。

“你这话什么意思？”

“得罪人了都不知道，让人当枪使。”李丽说完就转身离开了。王清愣愣地看着她远去的背影，脑子像是被人打了一棍，没有蒙，反而更清晰了。

是啊！李丽的上司是王总，王清的上司是刘总。王总和刘总本来就不和，两人性格也有天壤之别，明里暗里斗了不少次。加上王总管理的是人事调动，他的舅舅又是董事长……全完了！刘总让自己给董事长写封邮件，揭穿李丽受贿一事，明摆着是针对王总，自己怎么就被人当枪使了呢！

王清越想越气，真是哑巴吃黄连有苦说不出。

王清一时大意，没有弄清办公室的人际关系，轻易相信上司的话，结果给自己挖了个坑。这个案例并不是告诉你，职场中都是阴险狡诈的敌人，而是要告诉你，敌人永远都在意想不到的地方出现，并用你想不到的方法给你致命一击。

我们无法提前预知谁会是自己最危险的对手，所以只能小心谨慎，管好自己，尽量不留任何把柄在人手。更不要逞一时之快，做冲动的事情。

那么，我们到底该怎么样做才能避免这些“麻烦”，才能渡过难关呢？这个没有什么标准答案，但我们能提前预防这些“麻烦”的发生。

摸清公司的脉络

无论是职场新人还是老员工，首先要摸清公司的脉络，了解办公室的人际关系。不然，情况就会很危险，就像王清这样，因为不清楚公司的“潜规则”，一失足成千古恨。只有了解到职场上的关系脉络，遇事时才能够做出明智的判断。

了解你上司的靠山和亲信，知道他们的喜好，认识他们的朋友以及分析上司的发展前景，这都是最基本的信息。如果连这些信息都没有，那根本无从谈起有关职场之路的信息。

管好自己的嘴巴和耳朵

在职场上，你总有机会听到一些小秘密，关于上司的，关于同事的……在偶然中，你得知了这个小秘密，此时，不要参与进去，更不要人云亦云，给自己制造危机。

倘若你的不恰当言论被有心人听了去，那结果就难以预料了，所以还是小心为妙。

适当“保留”

虽然对朋友“留心”是很残酷的一件事，但这的确是职场做人的准则之一。在职场上，对待同事的方式有两种：一种是天生领袖型的，你对每个人都不错，但并没有特别好的，在他们眼里，你没有亲疏之别。这样，他们就弄不清你到底和谁是一伙的，更没有机会连累到你；一种是“连体婴”，上班在一起，下班在一起，吃饭逛街腻在一起。此时，你就要小心了。你的任何言论都有可能因为把对方当作自己人一吐为快，但别忘了她有可能是上司派来的卧底。

你要记住，当一个上司考验下属是否忠诚时，朋友也是非常重要的指标。而很多人遭遇莫名其妙的“穿小鞋”，甚至被折磨到离职，也没有弄清楚是谁在背后做小动作。

该你做的事情去做，不该你做的千万别做

在职场中，不要总过于“表现自己”，把自己该做的、不该做的，一股脑儿全做了，还自以为在帮别人的忙。这大错特错！仔细想想，如果你把事情都做完了，别人还做什么？你这样的行为，岂不是在说只有你一个人最重要，别人都是多余的吗？你做完所有的事情，就等于一个人占了全部的功劳，这更是职场的大忌！这也就难免被当成“全民公敌”了。

多说多错，多做多错，虽然这不是什么绝对的道理，但在职场中，却是衡量一个人的标准之一。所以，把分内的事情做到完美就好，不要去抢别人的事情。当然，别人需要你时，你可以大方地去帮助。

专注于本职工作，力争成为“专家”

一个人无论从事什么职业，都应该尽心尽责，尽自己最大的努力，不断进步，成为那个领域的“专家”。这不仅是工作的原则，也是人生的原则。如果没有职责和理想，生命也会变得毫无意义。

俗话说得好：“没有金刚钻，就别揽瓷器活。”反过来就是，如果真有那金刚钻，那就去揽瓷器活。许多人时不时为自己找借口，“不是我不敢揽瓷器活，是别人抢在前面了”，甚至还有人埋怨，“明明我比别人更有能力，但为什么成就却远远落后于他人……”

没有人跟你抢，也没有所谓为什么，而是你“安于现状，不肯变得更好”。在你疑惑，在你为工作中的某些细节抱怨时，要先问问自己：

你是否像画家一样，仔细研究过画布的质地有何不同？仔细研究过不同厂家的颜料画出来的效果有何不同？你是否像作家一样，仔细观察过每个人的言谈举止？研究过每个人的笑有多少种？

你会说，我又不是学这些的，怎么会对这些有了解。好！

我们换个问法：在工作中，你是否会因为不懂的细节刨根问底，不弄清楚不罢休，还是得过且过，觉得小细节可以忽略？当你遇到难题，是选择逃避，还是把问题丢给别人，或是寻找各种方法，直到解决为止？当你的上司分配下来一些任务，你会挑选难的做还是简单的做？

有句名言说：“比其他事情更重要的是，你们需要知道怎样将一件事情做好；与其他有能力做这件事的人相比，如果你能做得更好，那么你就永远不会失业。”

这话说得很对，即便我们专一地制作好一枚别针，也比制造出粗糙的蒸汽机更有成就感。生活中取得成就的人，一定在某一特定领域里进行过坚持不懈的努力，他们知道，如何做好一件事，比对很多事情都懂一点儿皮毛要强得多。

在小的时候，我们都读过猴子丢了西瓜捡了芝麻的故事，它一路走着，一路捡着，一路丢着，最后竟然为了芝麻丢掉了西瓜。那时，我们都笑猴子太傻，现在想想，生活中的我们又何尝不是如此？不断地进行探索、选择、尝试，又不断地放弃和转移。但是我们要记住：丢掉该丢掉的，留下该留下的。

专一地做一件事，直到成为某个领域的“专家”就是该留下的。每个成功者，都拥有专注的精神。他们深深知道，在社会分工越来越细的当下，没有一个人有办法做到“全能”，没办法做到行行通、样样精。要想在社会中有所建树，有一席之地，必须要专注于一行一职，把自己全部的精力、时间和所能调动的一切资源，都投入到所选择的事业中，去创造尽可能大的成绩。

诺贝尔物理学奖获得者丁肇中先生曾说：“与物理无关的事

情我从来不参与。”这也就是他成功的缘由之一。

乔丹从 15 岁开始从事篮球事业，至今已经有 30 个年头。他有很多机会从事其他行业，但他只坚持投身篮球运动。就是因为专注，他成为 NBA 历史上最伟大的球星之一。

在平时，那些在运动场上挥洒汗水、泪水的运动健儿，他们之所以能在获得胜利的那一刻兴奋、哭泣，是因为他们在运动场下凝聚了太多的精力，花费了太多的时间。终于，他们在获得胜利的一刻将所有的情绪表达了出来；那些在电视、电影中演绎着各种角色的演员，他们之所以成为万众瞩目的一员，是因为他们为事业付出了太多，他们只有一个目标，就是把戏演好……如果没有他们的那份专注，我们可能看不到邓亚萍、伏明霞、刘翔的迷人风采，也没有机会观看到张曼玉、林青霞等饰演的经典角色了。

古人说得好，“十鸟在林，不如一鸟在手”。既然我们选定了一项事业或是一份职业，就应该专注其中，努力做到思之、想之、谈之、研究之、坚持之，然后将其弄懂、弄通、弄透、弄专、弄精，最后再发挥自己的最大潜能，将其利用起来。

在这个世界上，可做的事情很多，但真正能够抓住的却很少。所以，我们应该抓住适合自己的一项事业，每天专注于本职工作，成为某个领域的“专家”。

勤奋不是感动自己，而是落到实处

“勤”和“奋”总是紧密相连、如影随形的。勤奋不仅意味着吃苦与实干，而且必须持之以恒、百折不挠，才有可能叩开成功的大门。“业精于勤”“勤能补拙”对任何人都适用。

古往今来的成功者，无一不是勤奋之人。勤奋并不是你比别人多看了一本书，多走了一段路，多做了一些家务，而是要把勤奋贯彻到生活或工作中。勤奋了，不一定成功，要非常勤奋，才有可能与成功沾边。

纵观历史上的名人巨匠，并不是每个人都是所谓的天才。比如，李时珍曾经三次考举人，都不幸落榜，不过，他没有放弃自己，而是靠自己的努力成为医学大师；爱因斯坦小的时候，几乎每个人都说他反应很迟钝，可正是这样一个“迟钝”的人创立了相对论……他们之所以能在最后成为一个超群的人，成为一个不平凡的人，关键就在于他们比别人更勤奋。

勤奋是一所离成功更近的学校，所有的人都想进入这所学校，学习一些自己身上没有的东西，想要成为一个成功的人。其实，勤劳本身就是一笔财富，如果你是一个勤劳、踏实肯干的人，那就会像一只小蜜蜂一样，采的花越多，酿的蜜也越多，自然地，享受到的甜美就越多。

对于职场中人来说，忠诚敬业是一个优秀员工的职业操守，而勤奋就是最完美的职业态度。只有勤勤恳恳、扎扎实实地勤奋工作，才能把自己的才能和潜力全部发挥出来，才能在短时间内创造出更多的价值。

李刚和王刚都是在五月槐花香时，进入这家超市工作的。两年前，他们都是理货员，两年后，李刚成了部门经理，王刚还是原地踏步。

终于有一天，王刚忍无可忍，直冲总经理办公室。

“老板，我要找你谈谈，不公平，真的不公平！”

“什么事，这位同志？”总经理至今还不知道王刚的名字。

“太过分了！”王刚怒火冲天，“我跟李刚一起进的超市，一起从最底层干起，为什么他现在被提升为部门经理，我却还在做理货员？”

“哦——”总经理这才明白过来，“你叫王刚？李刚还跟我夸过你工作勤奋呢！”

“既然我工作勤奋，你为什么还不给我升职？”王刚心里有一种被遗弃了的委屈，“我每天任劳任怨地工作，你怎么还不给我一个跟我的能力与劳动相匹配的职位？”

“我考虑过你啊！”总经理认真地看了看王刚，“超市总部那边给我们分部一个副总名额，李刚提名你了，我正要考查你俩到底谁适合担任这个副总，协助我打理好超市的日常事务呢！”

“真的吗？”王刚有些激动，“你随便考查就是了！我能经得住考验的！终于要结束这种烦琐又低廉的理货员工作了！”

“王刚……”总经理又仔细地端详了一下王刚，吩咐道，“你马上去蔬菜批发市场，看看今天有什么卖的。”

王刚兴奋地出去了，不一会儿就回来了，他一头冲进总经理办公室，依然兴奋不已地说：“蔬菜批发市场的东西多了去了，西红柿、土豆、茄子……”

“等等。”总经理打断了他的话，“西红柿的价格是多少？”

王刚傻眼了，还要问价钱哪？于是，他急忙前往蔬菜批发市场，问清了价格，又匆忙赶回总经理办公室，虽然累得气喘吁吁，但还是兴致勃勃：“四块钱一斤！”

“这是零售价吗？那么批发价呢？”

总经理的话，让王刚的脸上露出一丝貌似难为情、实则很为难的表情：“这还要打听清楚啊？”

王刚又去了一趟蔬菜批发市场，当他赶回来汇报批发价时，总经理又问他，有没有更便宜的同类产品。

王刚再去了一趟蔬菜批发市场，当他赶回来汇报一个更低价格时，总经理又告诫他，货比三家才能不吃亏。

王刚只觉得总经理安排的工作太烦琐了，但是，为了能够当上副总，他决定豁出去了，于是勉为其难地提出要再次前往蔬菜批发市场，做更加细致的考察工作。

这时候，总经理友好地对他摆摆手，接着按下了一个分机号：

“请李刚来一下我的办公室。”

李刚进来了，和王刚打了声招呼，就转向总经理听候吩咐：“请你马上去蔬菜批发市场，看看今天有什么卖的。”

李刚去了蔬菜批发市场，王刚又重新回到仓库理货，一边理货，一边时不时到门口去张望，看看李刚何时回来。不一会儿，李刚从蔬菜批发市场回来了，他没有直接去总经理办公室，而是从随身携带的公文包里掏出一沓纸，对它们进行规整，并标上一些数字和符号。

当李刚拿着那沓纸和一个垃圾袋进入总经理办公室时，王刚已经坐在那里，跟总经理一起等候他的光临了。李刚礼貌地朝王刚笑了笑，便开始汇报工作了。

“蔬菜批发市场的蔬菜很多，价廉物美的也不少，但考虑到我们超市还有某些蔬菜的大量库存，目前推荐采购的蔬菜有西红柿、土豆、茄子、紫甘蓝、小黄瓜等。我就市场价格一一进行了调查与统计。”

李刚递上了那一堆纸质资料：“这是每种蔬菜的五家批发商的价格比较与质量点评，价格与质量综合比分最高的，我画上了红色标记。”

总经理接过资料，又递给了王刚。

李刚又将垃圾袋奉上：“这是我采集的这几种蔬菜的样本，价格我已经贴上了，请总经理验证，不知道我的分析有没有偏差和错误。”

王刚看了看资料，又看了看样品。

“还有啊……”李刚从兜里掏出一张名片，“我还要了一张又卖土豆，又卖西红柿，又卖紫甘蓝的农民朋友的名片，我感觉他家的蔬菜特别新鲜，他说随时可以谈合作，还说邀请您去他家农场考察。”

总经理欣慰地笑了，这时候，他才发现，王刚早已离开办公室，回仓库干活去了。

勤奋不是说出来的，而是要把每一件工作都做得很好，而非对工作敷衍了事！否则，你敷衍了工作，工作也会敷衍你。人们常常惊异于文艺家的创造性的才能，爱用“才”和“灵感”这样的术语，去解释作家的智力。其实，作家的智力，虽然与观察、记忆、想象、美感能力有着一定的关系，但影响作家成才的条件，并不全凭靠智力，而是勤奋。

但很可惜，生活中的我们无法否认，人都是有惰性的，只是每个人的“惰”有着很大程度的不同。关键是我们要如何规避惰性，如何去激发自己的积极性。要想在这个人才辈出的时代走出一条完美的职业轨迹，唯有依靠勤奋的美德。

俗话说得好：“一分耕耘，一分收获。”只有辛勤劳动，才会有丰硕的成果，不劳而获的事情从来就是不存在的。坦率地讲，勤奋是实现理想的奠基石，是补拙益智的催化剂，是通向成功彼岸的桥梁，是自学课堂的老师，是人生航道上的灯塔。勤奋属于珍惜时间、爱惜光阴的人；属于脚踏实地、一丝不苟的人，属于坚持不懈、持之以恒的人，属于勇于探索、勤于创新的人。

在职场中，勤奋是每一个人都应具备的素质。勤奋，能够让自己受益无穷的同时，也能为整个团队带来向上的暖风。只有充满热忱、血气如潮、富有思想的人，只有那些做事敏捷、勤奋努力、反应迅速的人，才能把自己的事业带入成功的轨道。这是亘古不变的真理，也是永不过时的成功之路，是每一个成功者的不二法门。

第六章 提高自身魅力，练就卓尔不群的无形利刃

提高自身魅力，铸就强大气场

一个人的气场是看不见的，但它却无时无刻不在影响着我们。这种力量虚无缥缈，却又巨大无比，就如同万有引力一样，始终影响着我们一生。

“气场”这一概念被美国心灵励志大师皮克·菲尔博士提出后，就势不可当地风靡全球，并且成为政治圈、财经圈顶级精英之间成功的不二法则。

写到这里，我们不得不提一个故事。那就是《杜拉拉升职记》——从一个职场菜鸟到HR（人力资源）经理，杜拉拉的转型蜕变就是气场的完美诠释。

杜拉拉从一个人微言轻的小职员，到最后成为能左右公司发展的经理，她给人的感觉在不断变化。最开始别人对她的态度是可有可无、满不在乎，到最后就是躬身倾听、唯其马首是瞻。在转变过程中，杜拉拉强大的内心让她勇敢地面对了各种各样的挑战和挫折，凭借自己积极的态度和不屈的韧性，迎难而上，最终让别人重视，甚至是瞩目。这就是杜拉拉的气场，一种能让人直接感觉到震撼的气场。

从这一方面来说，我们也可以将气场看作是一种被烙印在我们身上的精神符号，它能够直截了当地将我们的状态告诉别人。在没有任何言语说明，也没有任何行动表示的前提下，为我们打开与人交往的第一扇大门。

在我们国家，气场学说更是早在数千年前便已经存在。儒家的浩然正气，道家的清静无为，兵家的杀伐之气……都可以看作是一种特殊的气场。也正是这些气场的存在，才使得他们的学说传承千年而不朽。

纵观古今，但凡那些拥有强大气场的人，无不拥有着出众的人格魅力。如果我们将气场看成一棵参天大树，那么人格就是它的根。这也就给我们指明了一条路，那就是——通过提高自己的人格魅力，来铸就自己强大的气场。早在春秋时期，百家之首的儒家亚圣孟子曾说过这样的话："我善养吾浩然之气。"

他口中的浩然之气，可以理解为一种宏大刚强的节操、气节。"文人节气"说的就是浩然之气。这种浩然之气，便成为儒家乃至所有文人的立世之本。

孟子说，这种浩然之气，要用人间正气去培养，久而久之，便能充溢于天地之间，无所不在。在他看来，只要胸中有一股浩然正气，即便是手无寸铁的人，也会变得无比强大，哪怕是面对全副武装的敌人，只要一息尚存，便可利用这一股浩然正气，压垮敌人，甚至是不需要开口便影响身边的人。

不难看出，这种浩然之气，便是一种强大的气场。用正气去培养，培养的便是一份人格魅力。换而言之，这种浩然之气若是由阴暗和邪恶去经营，又怎么会能让人信服、让人认可呢？

此外，我们还须明白：气场，并不是成功的副产物。无论是哪个时代、哪个国家、哪个行业，所有的成功者都有一个通性，那就是自身那强大的气场。这种气场，往往在他们成功之前，就已经锋芒毕露。

胆小鬼们最好别做成功梦

面对陌生的人或事，我们总是很容易退缩、害怕，想要让自己大胆表达，最好的方法就是让自己主动开口说话，积极把握或创造与人交谈的机会，说的次数多了，胆怯自然也就消失了。

有些东西，你越是觉得它难，越把它当回事，那它就会越像一座大山一样，死死压在你身上。如果你不把它看在眼里，那它就有可能像片云一样轻飘飘，直到飞走。

我们都知道，丘吉尔被誉为“世纪的演说家”，但我们似乎忘了，在他成为演说家之前，他是一个讲话结巴、口齿不清的家伙。再加上他身材矮小，仅有1.65米，没有堂堂的仪表和风度，没有好听的嗓音，更没有接受过什么高等教育……即便是这样，他也没有退缩过。他曾经在一次演讲中，讲了一半便垮了下来……然而，他并没有为此自卑、一蹶不振，而是反思自己的错误，重新调整自己。经过多次的主动练习，他的经验和胆量都大大提高，最终成为一名举世皆知的演说家。

胆量不会与生俱来，也不会从天而降。世界上没有天生的演说家，只有胆大向前的人。

50岁的张姐是这样评价自己的大学同学的，她这个大学同学现在已经是一家公司的CEO（总裁）了：在学校，我们都觉得她有点儿像傻大姐——上课抢着发言，抛的都是烂砖，还跑到校长办公室提议全民灭鼠，开展“上交一只老鼠尾巴换一只卤鸡蛋”活动。最离谱、最让我们大吃一惊的是，在毕业前，有个单位来学校招聘，她没有被推荐。于是，她就跑去酒店打听招聘人员的住处，然后直接跑到招聘人员住的地方毛遂自荐，而且竟然被录用……在张姐的言辞中，我们可以看出，她并不是在抹黑同学，而是在赞美她的“傻大姐”精神。“傻大姐”之所以能够成功，是因为她具备了胆商。

胆商是什么？很多人知道情商和智商，却不知道胆商。原联想集团人力资源部人力招聘主管、万学教育ACT职业能力授课名师潘家宁老师曾经说过：胆商（DQ）当然不是指你敢不敢夜闯坟地，而是讲人际交往或职业发展中的胆识、胆略与行动力。

具有胆商决策的魄力，能够把握机遇，该出手时就出手，以最快的速度应对环境的变化；胆商高的人具有非凡的胆略，能够破釜沉舟、临危不乱、力排众议；具有胆商的人敢为天下先、勇于承担风险。大凡成功人士，都有着敢闯敢试敢干的过人胆略。一个创业者或企业家在具备胆商后，在某些关键时刻，总能力挽狂澜，甚至决定着企业的兴衰成败。

总之，市场竞争，不仅要比拼实力，对比产品，还要比试胆商。

面对同样的市场，有的凯歌高奏，有的却铩羽而归。这些，都受到一个决策者或经营者所做的决定的影响。如果决策者或经营者，做事顾虑重重，缩手缩脚，当断不断，那结果只能是错失良机，功败垂成。归根到底，是因为其缺少胆商。

现在，我们要迈出第一步，打破沉默，不再做职场胆小鬼了，因为胆小鬼是没办法做成功梦的。那么，我们应该怎样变得勇敢一些呢？

在会议上争取率先发言

不要错过每一次公开会议。每次开会的时候，都要寻找机会，率先发言，尽早让其他人注意到你的存在。即便你的观点只是赞同其他人的观点，或添加一点信息，也要率先发言。为什么呢？因为越早表达出自己的观点，留给自己产生自我怀疑的时间就越少。如果你总是推迟表达观点的时间，那你就越难参与到讨论中去。

不要低估自己的价值

每一个人身上都有着自己不知道的优势和价值，可以说，存在即是价值，公司或企业不会招聘一个对自己无用的人。所以，我们要肯定自己，然后多鼓舞自己，做一个勇敢的人。

大胆提出问题

要想习惯发言，有一个最简单直接的方法，就是在其他人提出的某个观点，而这个观点令你感兴趣时，可以要求对方进行详细阐述。通过更加深入探讨其他人的意见，你会觉得自己已经参与其中，进而成为一名积极主动的参与者。

提出不同意见

提出不同意见，对提高胆商非常有用。即便提出的意见是错误的，也能引发其他人更全面的思考，进而产生更多解决方案，提高解决问题的创造力。所以，不要犹豫，大胆提出你的质疑和意见吧。

学会拒绝，勇敢说“不”

一项心理学调查结果显示：一个人的拒绝能力与内心强大与否有着密不可分的关系。也就是说，一个无法拒绝别人、不敢拒绝别人的人，内心一定是胆小的。相反，敢于拒绝别人的人，他的内心一定是强大的。

在这个世界上，每个人都会遇到他人的请求或帮助，此时，摆在我们面前只有两个选择：接受或拒绝。

选择拒绝吧，又不忍心伤害别人。既然别人都已经开口，在力所能及的情况下，自然要伸出援助之手，这是我们的一种良善。选择接受吧，自己又为难不已……

在不好意思的心理制约下，很多人过起了“面具生活”，不仅活得累，丢失了自我，常常后悔不已，又因为难以摆脱这种“无力拒绝症”而自责。

一天，小米委屈地来求助心理医生。原因是工作以及人际上的压力让她无法喘息。

每天一睁眼，就很抗拒上班，因为处理与同事之间的关系和工作让她手足无措。一次，上司交给她一些任务，让她在规定的时间里完成，可是在她耐心完成工作时，总有同事要她帮忙这个，帮忙那个。作为公司的新人，她又无法拒绝。结果，到了规定的时间，老板问她要材料，她胆怯地说了句：还没完成……

于是，办公室的一阵腥风血雨开始了。老板责骂了她，同事也嘲笑她的办事能力，小米又觉得委屈。

小米委屈地对心理医生说："我知道，我有工作要做，可是别人请我帮忙的时候，我也不好意思拒绝。"

"拒绝了会怎样？"

"可能会伤害别人的感情吧？他们会觉得我不友好，不合群。"

就这样，为了所谓的"友好"小米步步退让，让自己承担过多分外工作量和压力。

显然，小米的行为是对自己不负责。她总是优先考虑他人的需求，忽略自己的权益，这类人就是办公室里所谓的"滥好人"：大家有什么紧急情况或小差事总是推给别人，"滥好人"不懂得拒绝，最终会把自己逼到无路可退，长期下去会变得抑郁、焦虑。

从心理学角度来说，小米无法说"不"在于她没有建立起健全的界限意识。这个界限意识不仅是生理或心理上的，也是情绪上的。界限意识模糊的人，常常意识不到别人已经"越界"的请求，即使不情愿，也不会拒绝；一个有明晰界限的人清楚自己的权益和义务，当受到侵犯时也能敏锐察觉并采取措施保护自己。因此，我们要学会拒绝，这样既能减少心理上的许多紧张和压力，又能表现出人格的独特性，也不至于让自己在人际交往中陷于被动。

当然，拒绝别人并不是件容易的事情，你仍然需要鼓足勇气。当然，学会巧妙地说“不”，更是重中之重。

谈判专家费舍尔曾对自己的学生说：有时，自己想写一本有关说“不”并坚持拒绝的书。当亲朋好友或同事对他施加压力时，真想放弃自己的立场，屈服让步。可是……又心有不甘，悔恨自己的选择。

就像费舍尔一样，大多数人发现，自己想坚持拒绝，又想顺从提出要求的人，左右为难。如果拒绝的是一位有价值的客户或是自己好友，这种“左右为难”尤其强烈。不过，为了避免让自己煎熬和受委屈，还是大声地说一句“不”吧！

当自己解释自己为什么会说“不”的时候，配上一个有说服力的理由，相信对方会理解的。当然，在解释说“不”时，要说真实原因，而不是有所隐瞒和保留。一旦被对方拆穿，那自己会陷入更尴尬的境地；不要给对方“虚假”的希望。试探性地回绝或对回绝表现得勉强，都会让对方趁机干扰你，从“不”变成“是”的。

试着练习说“不”吧！只有懂得尊重自己内心，果断说“不”的人，才能将自己的气场经营到最强大。只有学会拒绝，学会说“不”，才能让自己的气场褪去那一丝污垢，真正地做到无缺。而学会去委婉地表达拒绝，更是能够让自己的气场得到升华。所以，塑造自己的完美气场，记得一定要学会说“不”。

喜欢听赞美的话，是每个人的本性

有一种力量，它至柔，也至强，它能让人信心百倍，一往无前，也能让浪子回头，真金难换。古今中外，因这种力量受益匪浅者不胜枚举。在生活中，它还是人际关系的润滑剂。它就是——赞美。

喜欢听赞美的话，是每个人的本性，每个人都暗自为拥有的优点得意，并希望别人能及时注意到，并能及时赞美自己的优点。

其实，赞美在人际交往中很常见，也起着至关重要的作用。

公司里的张璐和珍珍因工作闹了些不愉快，从那之后，两个人谁看谁也不顺眼。

一天，张璐对她的同事小博说：“你去告诉珍珍，我真受不了她，请她改一改她的坏脾气，否则我再也不会理她了！”

小博点点头说：“好，我会处理这件事。”

第二天，当张璐遇到珍珍的时候，珍珍主动跟她打招呼，满脸的笑容。看起来，她似乎有些不一样了。在以后的日子里，珍珍变得和气又有礼貌，与从前相比，简直是两个人。

这是怎么回事？张璐心里暗自想。难道，难道是小博对她说了什么？一下班，张璐就拉住小博问道：“珍珍最近是怎么了？”

“她现在挺好的啊！”

“对！就是因为她挺好的，跟过去……简直就是两个人！我让你帮我传话时，你都说了什么？”

小博笑着说：“也没什么，我只是跟她说：‘有好多人都称赞你，尤其是张璐，说你又温柔又善良，不光人长得漂亮，脾气好，人缘也好！’”

“原来是这样！”这时，张璐才恍然大悟，珍珍的变化来源于他人的赞美啊！在后来的日子里，张璐和珍珍相处得很融洽，只要一发现对方的优点，彼此就会毫不保留地说出来。她们之间关系的改善，也让办公室里的气氛轻松了不少。

可见，赞美的力量有多强大，当然最大的功臣还是小博，是他明白了赞美的重要性，改善了两个人僵硬的关系。如果小博如实相告，那珍珍一定会更生气，在工作中处处与张璐作对，而张璐呢，在苦恼人际关系的同时一定影响到了工作。其结果是得不偿失。

懂得赞美的魅力后，张璐和珍珍都有所改变，甚至为办公室带来了新的、无形的动力，真是皆大欢喜。

法国名人拉罗什富科曾经说过：“理智、美丽和勇敢的赞扬提高了人们，完善了人们。”的确，在这个世界上，有谁不喜欢被他人赞美呢？从社会心理学角度来说，赞美是一种有效的交往技巧，能缩短人与人之间的心理距离。而且，赞美，比训诫更有力量。

在美洲一个古老的印第安部落中，沿袭着这样一个传统：一旦有人犯了错，整个村落的人都会聚集起来，把犯错者围在当中，没有责骂，也没有毒打，而是不停地赞美他，赞美一切所能赞美的。等到全村人用赞美“教训”过他之后，即使是无恶不作之徒，也会从心底涌出忏悔的泪水。尚未开化的印第安部落，居然用赞美的方式解决这一难题，真是令人佩服不已。

她是韩国某大型公司的一个清洁工，经常被人忽视。也是，每个人都很忙碌地做自己的事情，谁会注意到她在一点点儿清洁地板上的污渍？但就是这样一个人，在某天晚上公司保险箱被窃时，与行窃者进行了生死搏斗，保住了保险箱，但自己却因受伤住了院。

事后，公司的人议论纷纷，觉得她的行为有些不可思议，不知道她哪里来的勇气，能把生死置之度外。当有人问起她时，她是这样回答的：“总经理每次从我身旁经过时，总会不时地赞美我说：‘你扫的地真干净。’这就是我敢于与行窃者搏斗的原因。”

瞧，这就是赞美的力量。有时，调动一个人的积极性和团队意识光靠金钱是不行的，而赞美却恰好弥补了金钱的不足。一句简简单单的赞美的话，就让清洁工备受感动，拿生命去维护公司的利益，着实令人感动和佩服。

所以说，我们应该学会赏识和赞美他人，努力去挖掘他人身上的闪光点。同是一棵树，有的人会看到满树的郁郁葱葱，而有的人却只会看到树梢上的毛毛虫或者这棵树阻挡了自己的视线。为什么看待同一样事物，不同的人看到的东西不一样呢？原因就在于有的人懂得赏识和赞美，而有的人只会用挑剔的眼光看待事物。

善于倾听，是种变相恭维

上帝给我们两只耳朵、一张嘴，就是要我们多听少说。多听少说，是一种人际交往中比较重要的交流方式之一。认真倾听别人讲话，表现了对说话者的尊重，也是提高自己人格魅力的一种好方式。

倾听不仅是一种对别人的尊重，还是对别人的高度赞美与恭维。每个人都希望获得别人的尊重，受到别人的重视，所以也就喜欢别人能够静下心来倾听自己的话。当我们专心致志地听别人在讲些什么的时候，对方一定会感受到你的“心意”，把彼此的距离拉近。有可能，你在倾听的过程中，被对方划为“自己人”。

玫琳凯在《玫琳凯谈人的管理》一书中，就倾听的重要性说了一句话，让人颇有感触：“我认为不能听取别人的意见，是自己最大的疏忽。”

正是因为她懂得倾听，重视每个人的价值，清楚地了解每个员工真正需要的除了金钱、地位外，还有一位真正能倾听他们意见的知心人，所以，她所经营的企业才能够迅速发展成为拥有20

万名美容顾问的化妆品公司。

古希腊哲学家阿那克西米尼的声望很高，拥有上千名学生。一天，他蹒跚着走进课堂，手中捧着一摞厚厚的纸张对学生说："这堂课你们不需要把我说的话都记录下来。只要是上课认真听讲的人，下课后我都会发一份笔记。同学们，一定要认真听讲啊！这堂课是很有价值的！"

学生们听到这番话，心中窃喜：太好了！于是，他们都放下手中的笔，专心听讲。没过多久，就有人想：反正下课后老师也要发笔记的，我又何必浪费时间去听讲呢？于是，他就开起了小差，做了些其他的事情。

等整节课都要讲完时，一些同学就觉得很纳闷，老师说这是一堂很有意义的课啊，怎么我还没有听到什么至理名言或者有价值的内容呢？等到下课铃响起，阿那克西米尼遵守自己的承诺，把身旁的一摞纸发给了每个人。拿到纸张的同学正反面翻了一下，什么都没有啊！一时间，教室里沸腾起来。

"怎么是几张白纸呀？"有位同学按捺不住，站起身问道。

阿那克西米尼笑着说："是的，我是说过要发笔记，但我也说过，请大家一定要认真听讲，这是一堂有价值的课。如果你们认真听讲了，那么就能将在课堂上听到的全部内容写在纸上，这不就相当于我送给你们笔记了吗？至于那些没有认真听讲的人，我并没有答应要送你们笔记，所以只能送一张白纸！"

听到这里，拿到白纸的同学们无言以对。接着，开始有人懊悔自己开小差的行为，现在面对着一张白纸，真不知道该写些什么。那些认真听讲的人，拿起笔在白纸上写着。

收到同学们交上来的作业后，阿那克西米尼摇了摇头。他继续往下翻着，突然脸上露出了心满意足的微笑，原来还有一位学生在认真听讲，这位几乎一字不落地写下了老师所讲的全部内容的人，就是阿那克西米尼后来最得意的学生——古希腊的著名哲学家毕达哥拉斯。

后来，阿那克西米尼把毕达哥拉斯的笔记贴在墙上，并对其他同学说："现在，大家还怀疑这堂课的价值吗？"

同学们纷纷摇头，这堂课可真是一个"教训"啊！

如果其他同学也能像毕达哥拉斯一样，认真听讲，那就真的收到老师的笔记了。可惜，他们认为不管听不听，最后都能得到笔记，所以也就开始放松自己，让思绪跑偏。可结果，令人大吃一惊。原来，老师所说的笔记不是白纸黑字写在纸上的笔记，而是深深刻在脑子里的笔记。

看完这个故事，我们也恍然大悟，不得不佩服"倾听的力量"。看来，只有乐于并善于倾听，才可能成为知识的富翁，而那些不愿意倾听的人，也就是在拒绝接受财富，终将沦为知识的穷人。同样的道理，只有善于倾听的人，才能赢得他人的好感，反之则不然。

由于现在的快节奏生活，人们似乎没办法静下来倾听了，在生活或工作中也因没有留心他人的话，而闹出很多笑话。所以，当我们在说话办事时，不要一味地只顾着表达自己的想法和观点，要留一点儿时间给别人，静下来听听别人的话。当然了，在他人认真倾诉时，不要随意打断对方，而且要懂得适时发问，这也是提升倾听能力重要的一环。

总之，只有你懂得倾听了，才会给他人留下一个好印象，给自己铺一条平坦的人生道路。

记下遇见的每一个人的名字

美国一位学者曾经说过：“一种既简单又最重要的获得好感的方法，就是牢记住别人的姓名，并且在下一次见面时喊出他的姓名。”名字是一个人的标志，也是一张方便别人辨认的名片。

在罗斯福竞选总统前的几个月中，助手吉姆一天要写数百封信，分别发给美国西部、西北部各州的熟人以及朋友。接着，吉姆乘上火车，开始了19天的旅途。他走遍了美国20个州，历经12000公里。除了火车以外，他还使用了一些比较轻便的交通工具，像马车、汽车、轮船等。

每到一个城镇，吉姆都去找熟人进行一次非常诚恳的谈话，然后继续下一段的行程。当他回到东部时，立即给在各城镇的朋友每人写一封信，请他们把曾经谈过话的客人名单寄来。很快，吉姆就按照这些客人名单又给他们每人写了一封信，信里的内容非常有礼貌，并且叫出了他们每一个人的名字。

在很早以前，吉姆就发现，名字对一个人有多么重要。把一个人的名字记住，并能准确地认出他来，那他一定高兴极了，因为被重视的感觉太好了，而且自己还是那么一个微不足道的普通人。相反，如果你把一个人的名字叫错了，或者张冠李戴，那结果可想而知。不是对方尴尬，就是你尴尬，甚至觉得你很没有礼貌，不再想与你接触。

一些人不刻意去记下别人的名字，是因为他们认为没有必要花费大量的时间和精力，只要多见面就会熟识了，或者太忙了，抽不出时间专门去记人名。

可是，你第一次就记错了别人的名字，那别人对你的印象肯定大打折扣，又怎么会再想跟你接触呢？如果你觉得自己忙，没有时间，那你有罗斯福总统忙吗？应该没有吧！可罗斯福就会花费时间记下别人的名字，甚至是一个技工的名字。他认为：记住对方的姓名，对别人、对自己都很重要。

人际交往大师卡耐基曾经讲过关于“如何使人喜欢你”的问题，他列出的答案其中之一，就是：“记住一个人的姓名，把它当作最甜蜜、最重要的声音。”

名字对每一个人来说就是一个符号，记住对方的名字既是对别人的尊重，也是让自己有修养的很重要的一步。这样一个生活中的细节，会让你变得与众不同起来。

在遇到一些人时，有的人有着过目不忘的本领，很轻易就能记住。而大多数人没有这样的能力，所以这也就需要我们用心一点儿了。

懂得联想

当你听到一个人的名字以后，要把他的名字与个人的形象联系到一起。多年以前，有位姑娘在教室中这样介绍自己：“大家好，我叫林玉。林黛玉的林，林黛玉的玉。”后来，大家一见到她，就会想到林黛玉，很自然地，也就知道她的名字了。

有的长相比较突出，长得像×××，或者说话声音特别，或者穿衣风格比较另类，那我们就可以在这方面联想起来。联想，会加深一个人对另一个人的记忆，也能轻轻松松记下一个人的模样和名字。

记录

有句话说，“好记性不如烂笔头”。不管是老朋友还是新朋友，在有过交流后可以将其姓名或名片保留下来。只要一空闲下来，就可以翻翻名片，甚至时不时约几位好友一起聚聚。这样的方法，不仅记下了每个人的名字，还结交了不少朋友。

给电话簿上的每个人设置一张照片

当然，这张照片是那些人最近的照片，方便辨认。只要有谁给你打电话，你不仅能看到他的名字，还能加深对他的记忆。再加上现在网络的便捷，我们平时多关注一下对方的状态，多评论对方的照片，这样即便是很久后再见了面，也能轻易将对方认出来。

低调内敛，重塑自己

为人处世，高调能表现出张扬的自信，而低调更是一种人生的大智慧。越是有成就的人，越是愿意低下自己的头，这就好像只有低下头的稻谷才是成熟的，低垂的枝条是因为挂满了累累果实。

低调是一种境界，更是一种智慧。在人生低谷时，我们可以选择用低调内敛来重塑自己。在事业高潮时，我们可以选择用低调内敛保护自己。

在生活中，那些谦让而低调的人总是能赢得更多的朋友；相反，那些太拿自己当回事，自尊自大、孤芳自赏的人总会引起别人的反感，最终在交往中走到孤立无援的地步。

安茜是个非常优秀的女青年，在大学期间是班级里的“学习尖子”。或许正是因为她太优秀了，她觉得其他人简直不值一提。

她是一个特立独行的人，时时感到自己是“鹤立鸡群”。她不仅看不起周围的同学，就连一些教授也不放在眼里。对于安茜来说，大学课程对她来说太简单了，只要花费少量的时间，就能学会。

慢慢地，安茜在学业上有了一种前所未有的优越感，也因此，她在生活中就变得挑剔起来，尤其是在人际交往中，容不得别人有一点儿毛病。如果被她抓到一些问题，那就要接受一次思想教育。

一次，有位同学向她借了一本书，书还回来时弄破了一点儿，那位同学一再向她表示歉意，但安茜仍然无法原谅她。

渐渐地，安茜成了其他同学眼中的“怪人”，大家不敢再和她交往，甚至不愿意和她交往。和她相处，简直就是一种折磨。当然了，这种“集体排斥”并没有阻碍安茜在学业上的出众。

安茜的功课依旧很优秀，年年都获得奖学金，没有人能超越她。因为成绩出众，安茜还代表学校参加过国际性竞赛并获得了奖项。

在老师和同学们的眼里，她是一个难得的“天才”，但是……她这个人的性格实在是让人难以接受。

几年以后，安茜以优异的成绩毕业，并顺利进入一家待遇优厚的大公司。她心中对未来充满了憧憬，准备在这家公司里干出一番轰轰烈烈的事业来。

不过，上班后的生活不像在学校里那样简单，也不会有人那样“刻意迁就”她。在公司里，每天都少不了和上司、同事、客户等各种各样的人打交道，安茜感到非常厌烦，因为她仍然是对自己不满意的人或事挑剔，让人觉得很难受。

毕竟，安茜实在是太优秀了，很少有人能够和她相谈甚欢。

一天天过去了，她对别人的挑剔越来越严重，逐渐发展成对他人的厌恶。她讨厌那些平庸的同事、低能的上司，即便她说不清对方到底有什么缺点让自己很讨厌，她还是看不惯对方。

几个月过去了，安茜无法融入到这个集体中，经常和同事发生矛盾，甚至跟上司也吵过几句嘴。

终于有一天，安茜彻彻底底变成了一个无人理睬的闲人。尽管她真的很有才干，但上司却不再派给她任何任务，同事们也像躲避瘟疫一样躲着她。在这样的情况下，安茜被迫写了一份辞职书。没想到，上司立马批准了，连句客套的挽留都没有。

随后，安茜又到其他地方去应聘，可是一连换了好几家公司，都没有找到让自己满意的单位。就这样，这位原本前途远大的女青年，心情变得越来越苦闷，在巨大的痛苦的煎熬下，安茜的精神逐渐崩溃，最后被家人送入了一家精神病医院。

原本一个优秀的人才，怎么就变成这样了？原因就在于安茜太把自己当回事，没有把别人看在眼里，认为别人事事不如自己。所以，就很容易对别人挑三拣四、忘乎所以、刚愎自用，并且在与人相处时吹毛求疵。结果，落得这样的结果，真是令人惋惜。

过分张扬自己，就会经受更多的风吹雨打，暴露在外的椽子自然要先腐烂。一个人在社会上，如果不合时宜地过分张扬、卖弄，那么不管你多么优秀，多么出类拔萃，都会遭到各种明枪暗箭的攻击。所以，在行为上一定要改掉“八卦”的毛病，要学会藏锋敛迹、装憨卖乖，千万不要把自己变成别人射击的靶子。

有这样一副对联，写得很有趣，道出了低调做人的真谛。上联是：做杂事兼杂学当杂家杂七杂八尤有趣，下联是：先爬行后爬坡再爬山爬来爬去终登顶，横批是：低调做人。由此可见，低调谦逊的重要性。

一个太拿自己当回事的人，即便不在言谈中将自己的态度表露出来，其身上那种“顾影自怜”“孤芳自赏”的气质也能让别人感到不悦，更别说像安茜这样，直接指出别人的不是来的人了。所以，要想成大事，首先要懂得低调内敛，搞好人际关系。

多用“我们”这个词

小孩在做游戏时，经常会用“这是我的”“我要”来表达或强调自我意识。在小孩子的世界里，这没什么，他们总会随着年龄的增长而改变自己的。但如果作为一个成年人，不在意他人的感受，只强调自我意识，那情况就糟糕了。

亨利·福特二世曾经说过：“一个满嘴‘我’的人，一个独占‘我’字、随时随地说‘我’的人，是一个不受欢迎的人。”人的心理是非常奇妙的，“我”和“我们”虽然只有一字之差，却可以带给人截然不同的感受。

俄国十月革命刚刚胜利时，农民们怀着对沙皇的刻骨仇恨，坚决要烧掉沙皇住过的宫殿。许多官员都劝告过他们，不要这样去做。但农民们置之不理，非烧不可。无奈之下，他们只得求助列宁。

列宁出面后，对农民们说：“你们烧房子，我不反对。不过，在烧房子之前，我可以问大家几个问题吗？”

农民们回答：“当然可以。”

“沙皇住的房子是谁造的？”

“我们造的。”

“我们自己造的房子，不让沙皇住，让我们自己的代表住好不好？”

“好！”

“那么，这房子我们还要不要烧呢？”

农民们你看看我，我看看你，决定不烧了。就这么几个简单的问题，就化解了一场矛盾。在问几个问题时，列宁用了几个“我们”，让农民们感觉他是站在自己的角度上看问题的。也因此，农民们同意不烧房子了。

有人曾经做过一个调查，想知道每个人每天最常用的是哪一个字。调查结果显示，最常被用到的就是“我”字。为什么人们对“我”字特别关心呢？因为大多数人喜欢被人称赞，也喜爱称赞自己，更喜欢在自己的世界里“唯我独尊”。可是，这样的行为稍不注意就会伤害他人的自尊心。试想，如果你在与好友的倾诉中，好友一直转变话题，一直想要把你的话转接到自己身上，成为“一个人的演唱会”，那你是什么感觉？所以，为了使对方的面子不受伤害，我们千万不要常把“我”字挂在嘴上，别说“我”，而说“我们”“我们的”。

说话时，把“我的”变为“我们的”，可以巧妙拉近双方距离，使对方更容易接受你和你的话。

在人际交往中，“我们”也不能滥用：

农夫甲和乙忙完了田里的工作，一起回家。回去的路上，甲发现地上有一把斧头，就跑过去捡起那把斧头。他说：“我们发现的这把斧头还挺新啊！”

乙觉得这把斧头是甲发现的，应该归他所有，就对甲说：“你刚才说错了，你不应该说‘我们发现’，而是‘我发现’，所以你应该改口说‘我发现了一把斧头’才对。”

说罢，两个人继续往前走，甲的手上一直拿着那把斧头。过了一会儿，遗失这把斧头的人走了过来，远远地看见甲的手上拿着他的斧头，就匆匆忙忙地追上来。

眼看对方就要追上来了，甲很紧张地看了乙一眼，然后说：“怎么办？这下子我们就要被他捉到了。”

乙听他这么一说，知道甲想把责任归咎到两个人的身上。于是，乙就很严肃地对甲说：“你说错了，刚才是你发现这把斧头的，理应是你被捉到了，而不是说‘我们快被他捉到了’。”

瞧，因为用词不当，乙已经有些生气了。看来，以后我们在开口说话时，要注意这样的细节，善用“我们”来制造彼此间的共同意识，而不是用“我”来引导他人追随自己，因为这对人际关系可没什么帮助。试想，如果别人在说话中，不管你的情绪或反应如何，只是一个劲地提到“我”如何如何，那必然会引起你的反感，甚至认为这个人太以自我为中心，不把你放在眼里。接着，你就会远离他……

因此，在说话时，我们应该多用“我们”少用“我”，这样才能更有利地为自己赢得好人缘。如果改变一下，把“我的”改为“我们的”，这对你并不会有任何损失，只会获得对方的好感，使你同别人的友谊进一步加深。

当然，在现实生活中，很多时候你不得不用“我”，这时你可以用平缓的语调淡化强烈的个人自我色彩。不要把“我”说得很重、语音拖得很长。与此同时，目光不要逼人，表情不要过度眉飞色舞，神色也不要扬扬得意。

谦逊做人，远离炫耀

当你取得成就时，要懂得感恩，学会谦逊，而不是翘起尾巴到处炫耀，把自己当作“世界第一”，完全不把别人看在眼里。如果不改掉炫耀、自大的毛病，总有一天会自食其果。

谦逊低调显然与当下讲究个性张扬的时代有所不同，现在的人只要稍微做点儿什么事情，就会大肆宣传，恨不得每个人都知道自己的“壮举”，明白自己的“聪明才智”。

刘洁毕业于某名校的中文系，现在某私企做企划文案工作。她是一个漂亮的女孩，再加上平时喜欢写写画画，偶尔所写的东西还会发表在一些报纸、刊物上。为此，刘洁获得了同事们赋予的一个称号：“刘大才女”。

本来就暗自得意的“刘大才女”，这下子更有动力了。她有时为了赶稿子，深夜才爬上床去睡觉。等到稿子如愿登在报纸上，她就会买下好几张，给每个同事都送一份。刚开始，同事们还欣然接受，可时间一长，同事们就觉得“刘大才女”有点儿炫耀的意思了，尤其是同样做文案策划的张璐，对她是又气又无奈。

某天，“刘大才女”的文章又发表在报纸上。她刚一进门，就大声说：“快来看，快来看，我的文章又被登在报纸上了。”

同事们都不说话，看看她，又低下头各忙各的事情。几分钟后，总经理把“刘大才女”叫到办公室。

“上个星期交给你的文案，做好了吗？”

“对不起，还没有，时间太紧张了，我……”

总经理没等她说完，就打断道：“没时间工作，有时间写文章，对吗？”说着，“啪”的一声把登有“刘大才女”文章的报纸摔在桌子上。接着，他又拿出一个策划文案，说道：“为什么张璐就能完成，你就不行呢？”

“总经理，我……”

“行了，行了，说这些也没什么用。我这庙小，容不下你这样的才女，供不起你这样的菩萨。从明天起，你不用来了。”

总经理接下来的话，她一句也没听进去。她知道，一定是张璐搞的鬼，不知道跟总经理说了什么话。可再仔细一想，要不是自己过于张扬，也不会在不知不觉中树敌。也罢，“刘大才女”收拾东西，离开了公司。

一个人有才能没有问题，但不要处处显示自己的能力或优势，要考虑到别人的感受。你想说，别人却不见得想听。就像“刘大才女”，就有点儿自食其果了。倘若她能谦逊做人，不那么炫耀自己，相信同事之间的关系也能得到改善。

卡莱尔曾经说过：“人最大的缺点，就是茫然不知自己还有缺点。”只看到自己取得的成就，对自己的不足视而不见，是永远不可能做得更好的。谦卑是一种智慧，是为人处世的黄金法则，懂得谦卑的人，必将得到人们的尊重，受到世人的敬仰。无论在工作中还是生活中，姿态上的低调都是一种进可攻、退可守，看似平淡，实则高深的处世谋略。

中国有句古话：“强中更有强中手。”不要认为自己有某些方面的优势，就自以为了不起了。谦逊是终生受益的美德。只有懂得谦逊的人才是一个懂得积蓄力量的人，才能够给别人一个好的印象，并给自己和他人营造出一个和谐的工作或生活环境。

第七章

世界以痛吻我，我要报之以歌

拥有博大胸怀，才能一路往前

心胸狭隘，就只会沉浸在别人给自己的不快之中，陷入钩心斗角之中。而只有拥有博大胸怀的人，才能一路往前。

现实生活中一样，一些在某一领域成绩斐然的人，都并不怎么好相处，其根本原因就是他们的气场太过犀利，少了种随和与友爱。所以我们才会说，一个人想要拥有强大的气场，首先要具备一份宽阔的胸怀，用以安放这份让人震撼的力量。

小张和小李本在热恋中，却忽然有一天，小张提出了分手，原因是找到了更适合自己的女友。

小李很冷静地看着小张挽着别人的手离开，她没有像泼妇一样去吵闹，也没有像迷路的孩子一般哭啼，她不相信几年的感情就如此付诸东流。所以，她暗中去调查了这个女孩，最后得到的结果却是：这只是一个群众演员。

原来，事情的原因是小李的母亲有些嫌弃小张的出身，就出面劝诫小张离开自己的女儿。这也就出现了最初的那一幕。后来，小李找到小张和母亲，心平气和地阐述了自己对小张的爱，母亲无可奈何，只能点头答应……

故事虽然很平淡，但道理却很明确。如果小李不分青红皂白地去怨恨小张，或许两人真就分道扬镳、形同陌路了。这也就是因果联系。也正是小李有足够宽阔的心胸，才控制了自己的恨意，溯本追源，找到问题的关键，才得到最终的幸福。

想要做到心胸博大，却又不是简单一句话就能够做到的。在社会的大染缸里，人们往往都习惯以自我为中心。当一个人把自己看作是主体、是中心的时候，就会将一切围绕在身边的人或者事物以这个中心为目标转动，长此以往，心胸自然狭隘无比。我们只有消除这种自我意识，才能让心胸变得广阔。

每个人都有自己的思维习惯，也都有自己的价值观和行事准则，我们要学会从不同的角度去分析每一件事情。试着从别人的角度去考虑问题，你也许就不会太过执着于自己的思想了。比如，在对于审美的观点上，或许你认为淡淡的妆容能够让女人更有品味，而别人或许就会认为浓浓的装扮才会让女人更有味道。

于是，这个话题就产生了分歧，甚至会引发一些矛盾。但如果反过来站在对方的角度上去想一下，问题就会清楚许多。可能对方时常需要出现在一些社交类的场所，自己却更多地要接触一些正式的场所。因为所处环境的不同，所以对于美的定义也就不同。我们要学着去看到别人的角度，这样才会使视野变得更开阔，进而心胸也会更加广阔。反之，我们只能在自我的世界里成长，思想也就有了偏见。

另外，自尊心往往也会成为影响我们心胸的一个重要因素。自尊心是一个人活在这个世界上最本质的需求。每个人都有尊严，都是为了尊严在打拼和努力。当朋友或者同事不能接受我们的思想时，不要认为是对方看不起自己，要冷静下来看看是不是自己的想法有偏颇。当然，这也不是说我们就要放弃自己的思想，对于别人的一切都接纳和包容。只有彼此尊重，才会使关系得到长足发展。没有一个人喜欢被别人征服，也没有人喜欢被别人左右自己的思维。只有明白这个道理，才能将人情世故看开，不再轻易生气。久而久之，心胸自然也就开阔了。

此外，懂得宽恕更是心胸开阔的一个不可或缺的代名词。生活就像一张巨大的网，每一个人都是互相依存、交错相连的。这也就要求我们看待事情要看清本质，不要轻易去下结论，更不要随便地去怨恨。

总之，一个人的人生经历决定了他的思想和行为，经历越多，他的思想就越根深蒂固。但我们只有认识到心胸开阔的重要性，学会懂得尊重生命，才会在日积月累中，开阔自己的心胸。同样，只有拥有了开阔的胸怀，才能在人生的博弈中，绽放自己的精彩。

良善给你增添温馨味道

每个人都有自己的故事，也都有自己的经历。或者他们体会过疾苦，所以放弃了善良。但这里我们要说的是，善良才是人性中最崇高的美德，行善积德的人，才会令人敬佩。作为一个人，也唯有拥有善良的心，才能完善自己的人生。

善良是人生的底色，它宛如温暖明媚的太阳，传递着爱与爱的桥梁；它宛如清澈透明的山间泉水，荡涤着世俗生命的尘埃。

2009年初，世界著名发明家、企业家、美国苹果公司联合创办人——乔布斯，被查出患肝硬化晚期。

医生告诉他，必须马上进行肝移植手术，才能挽救他的生命。乔布斯平静地接受了这个残酷的现实，最终同意了院方有关肝移植手术的方案。

得到乔布斯的同意后，院方立刻在加利福尼亚州肝移植中心为乔布斯进行登记，等待肝源。遗憾的是，要进行肝移植的病人有很多，如果排到乔布斯，至少需要10个月。为了尽快挽救乔布斯的生命，院方马上又在其他州为乔布斯进行了登记。这种跨州登记的目的是争分夺秒，尽快挽救病人的生命，是美国法律允许的。

院方发现，几个州最快的是田纳西州，只需要6个星期就可以等到。于是，院方决定让乔布斯在田纳西州进行肝移植手术。可惜的是，乔布斯被排在了需要肝移植手术的人中最后一个。

乔布斯的病情不容乐观，他急需进行肝移植手术，对于他这位重症患者来说，每一分每一秒都显得那么宝贵。

乔布斯的下属中有一个Y先生，他很担心乔布斯的病情，于是瞒着乔布斯去找人开后门。

Y先生找到医院院长杜尔先生，希望杜尔能行使一下院长的特权，让乔布斯插个队，先接受手术。

院长杜尔先生听了，皱起了眉头，脸上露出十分惊讶的神色，他两手一摊，无奈地耸耸肩，说："我哪有特权让乔布斯插队？再说，我为什么要让乔布斯插队？因为他是伟人，他是名人？如果让乔布斯先移植了，那么其他病人怎么办？一切生命都是平等的啊。生命没有高低贵贱的区别，任何生命都是平等的。对不起，我不可以对不住自己的良心。"

Y先生只好郁郁寡欢地离开了杜尔院长的办公室。

接着，Y先生又找到田纳西州州长菲尔·布雷德森，希望布雷德森州长能帮帮忙，行使一下特权，跟院方打个招呼，或写个批条，让乔布斯插个队，先接受手术，否则，乔布斯会有生命危险。

布雷德森听了，锁起了眉头，脸上露出十分凝重的神情，他严肃地说："我哪有那个特权？打个招呼？批个条？什么意思？我不懂！谁也没有什么特权能让谁先移植，谁可以后移植。不管他是伟人还是名人，都不可以享受这样的特权！因为一切生命都是平等的，平等不是口号；平等不是作秀；平等更不是交换，它是生活中最生动、具体的体现。大家只能按照排队秩序来进行。"

Y先生只好又郁郁寡欢地离开了布雷德森州长的办公室。

Y先生很不甘心，就悄悄对乔布斯说："看能不能花点儿钱，找有关人员打点打点，让您先接受移植手术？"

善良的乔布斯听了，吃惊地说："这怎么行？那不是违法了吗？我的生命和大家是一样的，生命对于每个人来说，都是那么宝贵。大家只能按照秩序来排队！"

那些排在乔布斯前面需要肝移植的病人，有的是普通的公司职员，有的是家庭主妇，有的是老人，还有的是失业者，他们都在按照顺序排队，等待可供移植的肝脏。他们都在急切地等待着手术，他们每个人的心情都是一样的。

一个多月过后，乔布斯终于等来了生命第二次向他垂青的机会，可是，由于等待时间太长，他的癌细胞已经扩散，移植手术虽然非常顺利，但是功效却有所折损。这次手术只为他延长了两年多的生命。但是，乔布斯无怨无悔，因为他深知，一切生命都是平等的。

乔布斯是善良的，因为他敢舍——哪怕那是珍贵的生命。这位伟大的企业家，在生命最后两年多的时间里，依然为苹果公司开发出更加新颖的产品，一直到他生命的最后一刻，交出了一张美丽的人生答卷。

善良是一盏心灯，照亮人们前行的脚步；善良是一片绿洲，装点生命的诗行，成就人生最美的风景。唯有一颗善良的心和一些良善的行为，才会撬动别人心中的磐石，经久不息地给别人带来震撼和感动。

人们或许会因此失去很多实惠的利益，或许会在心里积压一些不甘和委屈，但带给了他人纯情的眼眸与真诚的救赎，从容地将一切阴霾与遭遇摒弃，淡定地收获快乐的果实和幸福的花朵。

心灵的温度决定人生的冷暖

心灵的温度决定人生的冷暖，一个人的心灵有多强大，气场就会有多强大。许多成功人士之所以能左右逢源、机会不断，最为根本的原因无非就是他们的气场。

生活中，人们总是被这样或者那样的原因困扰着，困扰源于别人的目光，源于别人的猜想，或者是源于社会的影响……诸多原因都会让我们感觉心力交瘁，甚至会感觉无力去面对。

在这种情况下，结果无非就是两种。一种是随波逐流，惨淡面对。不管不顾，舒服一秒是一秒。简单地说，就是逃避。一种是激起自己强大的内心，勇敢去面对，凭借着自己强大的内心能量，与一切阻碍在眼前的压力，进行一场博弈。

心灵能量，对于一个人来说是极其重要的。没有了它，一个人根本无法在这样的一个社会上生存。因为你根本不知道什么时候你就会被一场突如其来的厄运压倒。记住，命运掌握在我们自己手中，用怎样的心境去面对命运，完全取决于自己。只有一个心灵能量强大的人，才能在面对命运的骚动时镇定自如，坦然自若，才可以沉下心来做自己想做的事，并且还能做到最好。

在某城市，一个年约30岁的女人，本是青春的年华，如今却只能在轮椅上度过。

事故的起因是一场意外触电，这个性格柔和的女人失去了拥有的一切。不过命运终究对她还是有所眷顾，让她从“植物人”中苏醒了过来，不过从此却要在轮椅上度过一生。

这样的事情或许到现在该是一个结局，但命运偏偏再次开了个玩笑。她的丈夫不忍生活的无奈，选择了离开，离开的时候带走了两个孩子。而她又不想给父母带来麻烦，就一个人艰难过活。

她利用手中的存款，购买了一辆三轮车，干起了拉客的工作。

只有双手能够控制自如的她，硬是凭借自己强大的内心支撑了下去，而圈子里的一些师傅，也都会因为她的不幸遭遇，有意无意地照顾她。

这样，她的生活得到了一些改观，不仅能够养活自己，还在两年以后有了一些存款。

基于这样的条件，她拿起了法律的武器，从丈夫手中争得了一个孩子的抚养权，硬是凭借自己的双手，将孩子养大，供孩子读书……

这个女人虽然没有强大的背景，也不是多么富裕，但她强大的内心，却能感染每一个人。

做一个内心强大的人，才能真正地无所畏惧，也唯有内心的强大，才能使我们在生活中处之泰然、宠辱不惊。所以，如果我们的内心还不够强大，那就要从现在着手去锤炼了。而在这一过程中，在面对外界的诱惑和挫折时，我们都不要沉迷和放弃，无论何时，都要固守本心的那份坚持。

人生就是一场修行，修行就是为了铸就强大的内心。我们不能忽视强大的内心能量。只有拥有强大的内心，才能释放出强大的力量。

幽默是一种无形的力量

幽默是一种无形的力量，就好像穿上了坚硬的盔甲，护住了自己最柔软的地方；就好像一个人站在陡峭的岸边，随时都有可能掉到河里，此时不如纵身一跃跳到水中，痛痛快快游个泳。幽默就是这样——在自嘲的同时，能逗乐他人，也能逗乐自己。

幽默不仅是一种心灵的状态、一种思想的智慧、一种文化的品位、一种人生的况味、一种应对人生的方法，更是一种可爱的人生观。

英国诗人德莱顿曾经说过：“如果一根稻草能逗人发笑，它就成了一种制造幸福的仪器。”可见，能使人发笑是多么重要。使人发笑，无论在生活还是工作中，都是至关重要的。在面对笑时，每个人都是友善的。即便是面对“魔鬼”，你的笑也能让其变得友善。

苏格拉底有一个泼妇妻子，他曾这样说：“娶一个好妻子，能使你终生幸福，但娶一个坏妻子，却能使你成为一个哲学家。”这样的幽默并不是每一个人都能够理解，但幽默确实是生活中的精神味素，是人际交往中的一大法宝，更是社会协调发展的增效剂。试想一下，假如人类失去了幽默，世界将会怎样？世界会变得冷漠，每个人都是严肃、刻板的，没有乐趣，没有……这可真难以想象，甚至无法接受。

所以说，我们还是让世界幽默起来，让每个人微笑起来吧。可是……

有的人又开始有疑问了：我本身就不是一个幽默的人啊！没关系，一个人的幽默感是可以被培养的。例如下面的建议。

抓住矛盾摩擦火花

根据你对对方的了解，应该清楚对方喜欢什么、讨厌什么，然后委婉地攻击他讨厌的对象，以达到幽默的效果。当然了，一定要适度。

用微笑来回应幽默

缺乏幽默感的人有时候故作正经，明明觉得对方表现得很好笑，但就是不做出任何回应，一脸的严肃。这种表情无非就是在维护自己，不想让别人接近自己，这种表情就是在说：“走开，你一点儿意思也没有。”这样一来，再有幽默感的人也会退缩，不敢再去接近他。所以，试着用微笑来回应别人的幽默，你将会收获更多的友谊。

鼓励幽默

如果你是一个缺乏幽默感的人，有时在看到别人幽默的时候，不会认为这很有意思，反而认为对方不应该嘻嘻哈哈的，要严肃一点儿才行，于是就说一些难听话打压对方……要摒弃这种行为啊！再遇到一个有幽默感的人，你应该先允许这种行为的发生，然后尝试接受，接着再适当改变自己。

看喜剧增加幽默素材

幽默是需要素材的，这就是为什么那些幽默的人往往也是最会讲故事的人，他们能在故事里穿插幽默。为了让自己懂得幽默和运用幽默，你还可以去观看喜剧，积累素材，扩大知识面，幽默是一种智慧的表现，它必须建立在丰富知识的基础上。因此，要培养幽默感必须广泛涉猎，充实自我，尤其要扩大自己的词汇量。切记：在学习幽默时，要拒绝庸俗不堪的幽默，靠污言秽语建立起来的幽默不能被称之为幽默。

“对不起”是如此威力无穷

金无足赤，人无完人。每个人都有缺点，有自己的小情绪，有时会因一些外界的因素大发雷霆，也会因一些不起眼、不被注意的鸡毛蒜皮的小事情斤斤计较，其结果就会伤害他人。当冷静下来，意识到自己错时，一定要对他人说声“对不起”。

古人说得好：“言多必失。”这是一个实实在在的教训，也是一个处世真理。

很多大人物也有过说“对不起”的经历。比如，刚开始，丘吉尔对杜鲁门的印象很差，但经过相处之后，又对他改观了。出于愧疚的心理，丘吉尔找了个机会对杜鲁门说，以前低估了他。丘吉尔用赞誉的方式表示对杜鲁门的歉意。

美国次贷危机发生时，格林斯潘几乎说出了“对不起”，但他还是没有说，只是含蓄表达了自己的歉意：“是的，我已经发现了一个漏洞。我不知道这一漏洞有多大，或者会持续多久。”

2001年，美国戴尔公司有半数员工打算跳槽，公司CEO迈克尔·戴尔下令调查该状况的原因。反馈上来的信息让戴尔大吃一惊！原来，多数下属对他没有强烈的忠诚感，他们认为戴尔不近人情，根本没有人情味儿。

经过一个星期的反思，戴尔决定向20名高级经理公开认错，承认自己过于腼腆，承认自己跟人相处时会变得有些木讷，他会适当改变自己的。此外，他还承诺将和同事们建立起更加紧密的联系。这个“致歉方式”还录了像，发给了公司每一位经理。对“极度内向”的戴尔会公开检讨，同事们都感到非常震惊。就这样，一场认知危机随着迈克尔·戴尔的真诚道歉悄然化解。

后来，有人问他：“腼腆也能算是错误吗？”

戴尔的回答：“是。如果员工说是，那就是！”

无论是直接说“对不起”，还是委婉的致歉方式，都是一种认错的表现，是一种能让对方感受得到的尊重。

据美国《财星》杂志统计：与人争执或犯错后，年薪超过10万美元的高收入者道歉的比率是年薪2.5万美元收入者的1—2倍。2012年，美国的巴菲特在年终致股东的公开信中承认自己的五大错误。

有人说：“成功的企业家是错误铸就的。”不管这句话的真假，犯了错误承认错误，是每个人都应该做到的事情。或许，“对不起”之所以难以启齿，对讲话者来说需要勇气、需要放下身段。

其实，道歉并没有我们想象的难。越早承认自己的错误，越早说“对不起”，对于你缓和局面越有利。而且你会发现，无论犯了多大的错误，只要你真心说上一句“对不起”，很快就可以化干戈为玉帛。一句真正的道歉，证明了你对对方的在乎程度，传递着重归于好的信息。认错需要我们态度真诚，也需要我们即刻行动。如果你欠了谁一句“对不起”，别等了，马上去道歉吧！

在道歉的过程中，我们需要注意一下：不要总用“但是”。比如：“对不起……但是你没理解我”“也许看起来是我的错，但……”这样的道歉根本不像是诚心道歉，而像是指责对方的挑衅行径。真正的道歉应该是“对不起，我……”或“对不起，我们……”。道歉时，应该做出一些改变，向对方承诺的话要做到。承诺应该说得简洁、可行、具体。如果只是从牙缝里挤出来，人家还是会感觉不到你的“诚意”。

不过，我们不能光等着犯了错误再去说对不起，而是应该在犯错前就预防。当然了，每个人都有生气或难过的情况，这是很正常的现象，你需要做的就是花点儿时间来平息自己的情绪。如果你非要说什么气话，或是做什么事，请深呼吸，冷静一下。或者闭着嘴别说话，多听听别人的看法。

为对手叫好

你的对手从侧面体现了你的实力水平。一个人如果没有劲敌，只有两种可能：一种是他绝对强大，打遍天下无敌手；另一种是他不堪一击，不值得任何人把他列为对手。

有句藏族谚语是这样说的："认识了毒草，等于找到了一剂良药；看清了敌人，等于找到了一位老师。"人生需要对手，没有对手，就没有了奋斗的目标，没有了努力的方向。人的一生中，不是只有伙伴、朋友，还有敌人和对手。当面对敌人和对手时，一些人就将其视为心腹大患，是眼中钉、肉中刺，恨不得立即除之而后快。其实，反过来仔细一想，便会发现，拥有一个强劲的对手，何尝不是一种福分、一种造化。试想，一个没有敌人的人生该是多么空虚、多么无聊啊！没有敌人，我们就看不到自己的实力和价值，更加缺少拼搏的动力。

丛林中，我们能看到这样一个迹象：稀疏生长或者独自成长的树木，树身都不会太高，且枝干多弯曲不直。而成片生长的树木就不同了，大都高大挺拔，枝杈从不旁逸斜出。

按道理说，稀疏生长或者独自成长的树木接收到的阳光和水分最充足，应该长得更好些。可为什么生存环境优越的树木反而没有生存环境恶劣的树木高大挺拔？那是因为，稀疏的树木没有竞争对手，就懒散着随意生长，最终长成了奇形怪状；而长成一片的树木，都有生存的欲望，这样才在生存的方寸之地站稳脚跟，争得有限的阳光、水分等生存资源，从而存活下来，长成令人敬仰的栋梁之材。

由此，我们可以知道，在面对敌人或对手时，应该重视敌人，重视对手。在与敌人交锋时，只有认真研究敌人、重视敌人，才能在每一击中契合他挑衅的动机和对荣誉的冲动。在每一次的交锋中，说不定你还能收获“化敌为友、化干戈为玉帛”的良师益友呢！

生活中，我们见惯了被竞争、被挫折击垮的人，他们有的一笑而过，此后停滞不前；有的惶惶不可终日，好像日子没了盼头。其实，学会认输或被发现弱点并不可怕，可怕的是我们选择被弱点牵制，不能修正弱点，活出另一番精彩。千万不要以为修正弱点会让你痛不欲生，实际上，只要稍作调整，弱点就有可能变成优势。

如果没有对手的“激励”，那我们早就如同行尸走肉一般，过着浑浑噩噩的日子了。上学时，因为总想着要超越对手，才会激励自己，努力学习；工作后，因为总想着在某个领域脱颖而出，才会想尽办法，了解竞争对手的实力，取长补短，才会有用不完的热情和精力。尊重敌人，我们不仅能赢得敌人的敬意，展示出自己崇高的人格和博大的胸怀，还能给自己带来不一样的自信和收获。

想把对手变成朋友，就要舍得为他“付出”。他胜利了，就大方地为他鼓掌，对方也会因你的鼓掌而对你刮目相看；当对方陷入困境的时候，你要保持冷静，不能见机踹他一脚；当你成功的时候，不要在对方面前趾高气扬，应克制自己，不要流露得意的神情。

巴西击败了德国后，捧走了世界杯，终场结束的哨声响起后，德国球员们的脸上是掩饰不住的失落与悲伤，但是他们还是走到狂欢的巴西球员面前，微笑、握手，说：“祝贺你们。”

此时，罗纳尔多也走向坐在门柱边上的卡恩，拍了拍他的肩膀，说：“好样的。”在这一刻，相信不少人都会被感动。

失败者向胜利者喝彩，胜利者也向失败者喝彩，难道他们是在作秀，是为了给观众、给记者看的吗？当然不是！他们是在彼此欣赏，懂得失败乃是兵家常事，失败乃成功之母，失败了又怎么样？

在这个赛场上，还是有赢家的，这就够了。从他们的举动中，我们看到了一群不怕失败的勇者，他们有着宽广的胸怀和积极的心态。我们不是常听到“友谊第一，比赛第二”吗？这简单的一句话，也说明了比赛的结果，胜利并不是第一位的。

为竞争对手喝彩是一种美德。每一次为对手的喝彩，都是对自己心灵的一次净化。而那些不敢为竞争对手喝彩、不想为竞争对手喝彩的人，其实是自己过于怯弱，是一种不自信的表现。那么，我们应该如何摒弃这些不好的想法，做一个真正能为对方叫好、喝彩的人呢？

一方面，我们一定要端正自己的心态。

向竞争对手喝彩，并不表明自己是弱者；向成功者喝彩，会使我们得到成功的动力；向长辈喝彩，他们会欣赏我们年轻的热情；向晚辈喝彩，他们会欣赏我们成熟的智慧；向朋友喝彩，他们会珍惜我们的友谊；向对手喝彩，他们会尊重我们的人格；向失败者喝彩，会使我们感知失败的坚强。

另一方面，我们要懂得欣赏别人的优势。

一个人的成功，必然有他成功的理由。无论他升职也好，加薪也好，伴侣是有钱人也罢，他总有出色的一面，也许是出类拔萃的工作能力，也许是独有的人格魅力。

我们应该学习他们身上的优势，修正自己的不足。只有多一些掌声给别人，多一些喝彩给别人，才能在人际交往中更上一层楼。

分享是笔只赚不赔的买卖

分享是一种友好，是一种热情，是一种权谋，更是一种只赚不赔的生意。在人际交往中，善于分享的人一定是最受欢迎的，她们适当的分享，让他人愉悦的同时，也增进彼此的信任，从而提升自己的人脉。

分享并不是多么伟大的一件事，而是有着“小小的预谋”。当我们分享的时候，既得到了快乐，又得到了好人缘。

一位美国农民在南瓜品种大赛上得了大奖，回来后，他把获奖种子分给了村民。接着，村民们改良了南瓜品种，长出的南瓜更好了。

不独享胜利果实，把获奖的种子分给村民，是一举两得的智举：一得，是自己与他人分享了快乐，分享了胜利，得到了赞美和佩服，他自己也觉得快乐；二得，是村民们获得了新的、优质的种子，也会种出更好的南瓜，也得到了快乐。

通过这位美国农民的举动，我们可以看出：一个懂得与他人分享的人，是有着高尚情操的人。只有与他人分享的人，才能赢得赞美，赢得友谊或是爱情。

可在生活中，一些人只会分享一下八卦趣闻，很少去分享自己的东西，更别说是什么成果了。对于她们的“自私”，我们也只能哀叹一声了。与此同时，我们又为她们感到可悲：不会分享的人，不能分享的人，她又能快乐到哪里去呢？就像下面的这个故事。

一位犹太教的长老非常喜欢打高尔夫球。

在一个安息日，他觉得手痒，很想去挥几杆，可是犹太教规定：信徒在安息日必须休息，什么事都不能做。

长老实在忍不住，思索再三，决定偷偷去高尔夫球场。来到球场，长老发现一个人都没有，窃窃自喜，是啊，今天信徒们都在家休息，谁也不会发现他的行为的。

然而，长老在打第二洞时，被巡逻的天使发现了。看到长老这样不遵守规定，天使生气极了，跑到上帝面前告状。

上帝听了以后，思索着说：“我会好好惩罚这个长老。”

从第三个洞开始，长老打出了超乎完美的成绩，几乎都是一杆进洞。直到打完第九个洞，长老都是一杆进洞。

长老兴奋至极，到打第七个洞时，天使按捺不住，又跑去找上帝：“您不是要惩罚这个长老吗？为何还不见有惩罚呢？”

上帝笑笑说：“我已经在惩罚他了啊！”

“惩罚在哪里？”

上帝只是笑而不答，陪天使一起看着长老的成绩。打完 18 洞以后，长老兴奋难耐，他的成绩比任何一位世界级的高尔夫球手都优秀，可惜没人看到他的成绩。

“这就是您对长老的惩罚吗？我看，您这是在宽恕他！”天使不满地说道。

上帝看了天使一眼，又指了指长老说：“这就是对他的惩罚啊。你想想，他有如此完美的成绩以及兴奋的心情，却不能跟任何人说，这不是最好的惩罚吗？”

此时，天使才恍然大悟。

是啊，像长老这样的成绩，一定想要被别人知道，可是他触犯了规定，是不能被别人知道的。所以，再好的成绩又怎么样？只能憋在心里，难受至极！如果你也遇到了像长老这样的事情，是不是也很压抑、难受呢？

当然了！没有比想分享却不能分享更难受的了。没有人分享的人生，无论面对的是快乐还是痛苦，都是一种残酷的惩罚。

分享是连接我们与他人的一座桥；是去快乐王国的一艘船。它让我们彼此真诚，感受到生活的美好。有本书上这样写过：“如果你有七个苹果，一定要分给你身边的人——亲人、朋友，甚至陌生人一个，就能得到其他人的赞美和认可，从中得到真情和友谊。如果你一个人吃了苹果，那你吃的就仅仅是苹果，不会再有其他的东西了。”

在生活中，我们根本离不开分享。当我们参加朋友的婚礼，就会一起分享喜悦之情，送去真诚的祝福；当我们去一个地方旅行，拍出属于自己的照片，就会与其他人一起欣赏美景，也是一种享受；当我们得知一件连衣裙便宜又实用，就会忍不住与好友分享，再一起收入囊中……分享能给我们带来快乐，这也是分享的真谛。要知道，一个人是不可能在这个世界上存活的，没有亲人就是一个没根基的房子，没有朋友就是一棵没有树叶的大树，生活就显得没有味道。因为有了亲人，有了朋友，我们才有了快乐和幸福。

总之，分享是互利的，甚至是只赚不赔的。不要再吝啬分享你的东西了，哪怕只是一杯奶茶、一件连衣裙，甚至是一个甜美的微笑。

做“方”的事，做“圆”的人

“方”指的就是“直”，也就是敢于追求人生目标、敢于开拓自己的一种胆量和气度。“圆”是一种生存的韧性，如水一般，遇山水转，遇石水转，不拘于形，因势而变。要想成功，就需要有一种做事“方”、做人“圆”的姿态，这样才能获得更多的机遇和途径。

1924年，美国哈佛大学教授团在芝加哥某厂做“如何提高生产率”的实验时，首次提出了“人际关系”一词，表示出了人际关系才是工作效率的关键所在。好的人际关系让你在与人交往中如鱼得水，是你用力拼搏、奋发向上的有力武器。

总结起来，就是——做事要方正，做人要圆融。

做事要方正，指的是做任何事情都要遵循规矩、遵循法则，绝不可乱来、胡来。从古至今，我们都信奉一句“无规矩不成方圆”，倘若没了规矩、法则，那世界就乱套了。“方”，是决定一个人成事与否的条件和资本。为什么一些人很容易失败，甚至一下子就被挫折击倒，原因就在于骨子里缺少这种“内方”的精神，缺乏挑战自我、挑战他人的一股“气”。所谓的“气”，就是成就自己与他人的动力。

做人要圆融，指的绝不是圆滑世故，更不是平庸无能，而是一种宽厚、融通，是大智若愚，是与人为善的心智成熟与健全。圆融的人，不会因为抓住别人的缺点或弱点就咄咄逼人，不会因为自己做了什么举动比别人厉害或比别人有远见，就沾沾自喜，认为谁都不如自己，盛气凌人。无论什么情况、什么场合，圆融的人都不会过于彰显自己的个性和主张，让他人有一种被压迫的感觉。

实际上，人与人之间的关系十分微妙——你所想的，也许正是别人所想的；你所需要的，也许正是别人所需要的。所以，这中间就会出现涉及大小利益的争夺现象，以及谋取名声的心理战术，甚至出现“流言剿人”的暗袭事件……这都足以说明人与人之间不可能是透明清晰的。

所谓“人心隔肚皮”，如果你简单、不加区分地与人交往，其结果只能是自食其果。你想，如果一个人方方正正、有棱有角，就会不断地遭遇生活中的磕磕碰碰；但是如果一个人八面玲珑、圆滑透顶，总是想让别人吃亏，自己占便宜，最终将众叛亲离。

其实，对于圆融可以处世、做人必须厚道的道理，早在200多年前乾隆年间的大才子纪晓岚已经做过很好的解释。他认为做人要“处事圆融、内心中正、不同流合污而为人谦和”。告诫人们处理具体事情的时候，可以适当掌握尺度，依情况不同而采取不同的处理方法，但是内心一定要诚实忠厚，做人要保持诚信。

该坚持的事，你应该坚定地表达自己的想法。可以妥协的事，应该更能设身处地理解别人的意思，做出适当妥协，甚至放弃自己的主张。

做个圆融的厚道人，就是要做个处事灵活而心态成熟的人；就是要在人际交往中保持适度的弹性，把握说话的分寸，学会婉转和含糊，以保持平衡的人际关系；重视生活中的应酬，通过一些生活和工作的细节树立好的人缘；同时要与朋友进行真正有价值的交往，在日常生活中建立起深厚的友情。在日常工作中，对不同类型的同事采取不同的策略，才能与上下左右保持良好的人际关系，以便于更好地开展工作。

一天，妈妈带着女孩到杂货店去买东西，老板看到这个可爱的女孩，就打开一罐糖果，要女孩拿一把糖果。女孩微笑，没有做任何的动作。

几次的邀请之后，老板亲自抓了一大把糖果放进女孩的口袋中。回到家中，妈妈就问女孩："为什么你不去抓糖果而要老板抓呢？你不是最喜欢糖果了吗？"

女孩笑笑回答："因为我的手比较小呀！老板的手比较大，所以他拿的一定比我拿的多得多！"

一个年幼的小女孩都懂得示弱，懂得自己的能力有限，懂得别人的能力比自己强，只有依靠他人的力量，才能让自己得到更多的东西，真是让不少人惭愧。有时，适当的示弱，依靠他人，也是一种谦卑，更是一种圆融的境界。

方圆之道蕴藏了成功之道，一个人掌握了做事为人的方圆之道，和周围的环境相适应，才能适者生存。对于善于变通的人来说，世界上不存在困难，只存在暂时还没想到的方法，而刻板严肃的人，无异于画地为牢，害苦自己了。

总之，在这个世界上有很多事情都可以灵活处理。当然，在法规面前，不能不认真，但在不违背法律法规的情况下，能灵活变通还是好的。

想成功，不得不擅长“利用”

“利用”这个词，听起来让人觉得有城府。但是很多成功者，正是懂得整合身边的资源，才有了日后令人刮目的成就。只要有底线和原则在，“利用”一下又何妨?

既然有便利的资源，“利用”一下又怎么样呢？相反，如果只是固守传统，不愿意变通和整合资源的人，那无疑是愚蠢的，不被成功青睐的。

曾听过一个有关于犹太人的笑话：由于住房紧张，几个犹太商人商量之下，决定在一个废弃的火车上度过在他乡的几夜。某一天晚上，几个犹太商人穿着睡衣，在寒风中颤抖不已地来回推动车厢。

来自其他地方想要在此过夜的人看到他们的举动，就不解地问道：“你们在干什么？”

“因为有人要上厕所！”推车的犹太人边擦汗边说，“车厢里写着：停车时禁止使用厕所，所以我们不得不不停地推动车厢。这可累坏我们了！以后，我再也不来这鬼地方了。”

听到这话，问他们的人默默不语。这虽然是个笑话，但让人反思。每个人都离不开自己所处的客观环境，也离不开自身的主观条件。改变整个客观环境，是过于费时费力，甚至是异想天开的事，所以我们能做的只有适应环境。

利用已有的条件，改变自身的处境，则是完全行得通的。每个人都有一些无法改变的条件。比如，身材的高低、出身的背景、眼睛的颜色等。每个人也有一些可利用的条件，比如工作能力、文化水平、身体素质等。在生活中，大多数人的通病就在于不会利用条件，不懂得充分利用手中的资源以充分发挥自己的潜能，却祈求或奢望自己所没有的东西，那样做是难以事业有成的。

人生也是如此，只有懂得“利用”，懂得多开动脑筋，想办法，不固守常规，我们才会遇到“柳暗花明又一村”的成功。

凯莉今年 17 岁了，是个聪明的孩子。暑假快到的时候，她严肃地对爸爸说：“爸爸，我不想暑假每天待在家里，我需要一个工作，一个锻炼自己又能赚取零花钱的工作。”

“太棒了！孩子，我非常支持你这个想法，只是……”

凯莉明白，爸爸在担心她，不过没关系的，她总能找到工作的。因为她要比邻居家的山姆聪明得多，他都能找到，自己没理由找不到。

接着，凯莉就利用起了网络和报纸，甚至还给很多家公司打了电话，询问是不是需要像自己这样的人，而自己又适不适合。

“你为什么不直接去公司看看呢？”一旁的妈妈提议道。

“哦，不，妈妈，我可不想把时间浪费在跑腿儿的琐事上。”在不断寻找中，凯莉终于发现了一个很适合自己的工作，并按照回复邮件中的时间到达了面试地点。面试的人很多，由于凯莉还只是暑期工作，再加上专业的问题，她确实没有什么优势。负责招聘的人也按照各种要求把她排在了第 25 名。

我如何才能得到这份工作呢？凯莉苦思冥想。几分钟后，她就想到了一个好办法。她拿出一张纸，在上面写了一些东西，折得整整齐齐，走向秘书小姐，恭敬地对她说：“小姐，请你马上把这张字条转交给你的老板，这非常重要。”

看着凯莉身上散发出一种自信的气质，秘书就认为她肯定不简单。于是，秘书推开了面试房间的门，把字条交给了老板。老板看后，不由得笑了。原来，字条上写着：先生，我排在队伍的第 25 位，在你没有看到我之前，请不要做决定。

就这样，凯莉得到了一份工作。

如何从竞争者中脱颖而出？如何在并不占据优势的情况下取得胜利呢？ 17 岁的凯莉给我们上了很好的一课。也许有人认为凯莉的这张字条很重要，是这张字条让秘书和老板都认可了她。其实，真正打动老板的是凯莉的智慧和善于动脑，是她懂得利用资源，叫秘书当传递员的智慧。

由此可见，智慧不仅可以创造财富，智慧本身就是一处挖不尽的宝藏，只要你用心去开采，就会有丰厚的收获。朋友们，如果你也想做一个有智慧、懂得利用身边资源的人，就继续往下看吧。

美国有句流行语：“一个人能否成功，不在于你知道什么，而是在于你认识谁。”在当前这个社会，整合资源已成为专业的支持体系。对于个人来说，专业是利刃，人是秘密武器，如果光有专业，没有人力支持，那成功也是有一定难度的。

如果把人力资源和专业结合起来，那个人的努力也就变成了一分耕耘，数倍收获。因此，开发和经营人力资源，不仅能为你雪中送炭，在“贵人”多助之下更能为事业发展锦上添花。

需要注意的是，每一个人的存在，都有一定的道理。也许，在你看来最不起眼的人，往往起着关键性的作用。所以，做人不要只看利益，而是靠真心去获得别人的认同。

做更好的自己

易卜生曾经说过，在这个世界上，最坚强的人是孤独的，是靠自己的。求人不如求己，只有自身强大，才是王道。

经常有人把“求人不如求己”挂在嘴边，这话并不是要我们时刻保持独立，更不是不理会他人伸来的援手，而是帮助我们在遇到紧急情况或无奈时，自己能完全应对。比如：当你遇到一件棘手的事，有能力的人不愿意帮你，想帮你的人又没有能力……这时，你也只能靠自己了。所以说，多学点儿知识，让自己变得更强大，变得更好，才足以与这个世界的难题抗衡。

潘锦辉，这个名字听起来像个男人的名字，但她是个不折不扣的女人，一个天资过人、谦逊、诚恳的女人。她就读于清华大学电子系，毕业后在微软亚洲研究院实习。她那灵活而敏锐的思维方式和锲而不舍的钻研精神，赢得了资深专家的一致好评。

在此后不久，她又以优异的成绩考入斯坦福大学深造。

也许在我们眼里，她就是那种学霸，是人堆里的佼佼者。而在潘锦辉的眼里，这些并不算什么，她只不过是想做最好的自己。有时，她很茫然，她要的并不是学业或事业的一帆风顺，要的不是追逐一生的名利……准确地说，她也不知道自己要什么，她只是想要变得更好。

在一次无意间的谈话中，一位学长问潘锦辉："你到底对做什么感兴趣呢？"这句话一下子点醒了她，让她对迷茫的未来一下子豁然开朗起来。是啊！成功之路有千万条，成功的定义也有许多种，只要在理想的指引下，真正做了自己想做的事情，实现了人生价值，这就是一种成功。从此以后，潘锦辉便投入到了积极乐观的、充实的人生当中。

在工作的时候，她总是尽力做到最好。每进入一个新领域，她都会热情高涨，认为可以学习更多知识了。在业余时间，她会最大限度发挥自己的爱心，做一些力所能及的事情（在教育基金会担任项目负责人和区域负责人，帮助贫困山区建学校、办教育）。在做义工时，即使是琐碎的小事，她也要尽量做好。

当有人问起她，如何过好人生，什么才算是成功时，潘锦辉从容地说："现在的我，经过了许多顺境和逆境，不知道我在别人眼里算不算成功，但我变得更加自信和快乐。

因为我学会了把远大的理想变成具体的奋斗目标——做好每一件事，快乐每一天。我不能确定自己将来能否获得许多人推崇的名和利，但对我而言，成功就是不断地超越自己，让自己的人生快乐、充实、有意义。

事业进步是成功，给家人快乐是成功，广交朋友是成功，能对他人有所帮助也是成功。成功并不遥远，不虚度此生，就是我的成功。”

做好每一件事，快乐每一天，不虚度此生，是她的成功，也是我们做人做事的成功。那么，还有没有更具体的，关于做更好的自己的方法呢？

看清自己

人们常说“人贵有自知之明”，指的是不要高估自己，也不要低估自己。其实，我们每个人都能认识到这一点，但做到这一点，就有些难了。当我们获得什么成就或一时的成功时，不要过于自大，变得骄傲，要谦逊一些，觉得这并没什么的，比自己优秀的人多得是，未来需要自己挑战的也很多。当我们遭遇挫折或选择时，不要放大自己的弱项，认为自己谁都不如。你需要做的，就是静下心来，好好生活，不为一时的成败而患得患失。

懂得爱自己

有的人尊重别人，为别人付出大量的时间和心血，对别人犯下的错误轻易原谅……而面对自己，往往是不肯原谅自己的小错误，不肯为提升自己花费精力……其实，一个人只有好好爱自己，才会有更好的精神面貌去面对其他。

成功的人生在于永不言败

在生活和工作中，我们的身边充满着失败，我们每个人都难免失败，但对待失败的态度有巨大区别：有些人能够很快爬出失败的泥潭，大踏步走向成功，而有的人则一败涂地，一蹶不振，从此消沉。之所以会有这样大的差距是因为他们对待失败的态度不同：前者永不言败，后者惧怕失败。

1988年汉城奥运会，是“体操王子”李宁奥运会的最后一战。吊环比赛中，他的脚挂在了吊环上；跳马比赛中，他重重地坐在了地上。天似乎一下子塌了，要知道，在四年前的洛杉矶奥运会上，李宁获得3金2银1铜，一个人获得的奖牌数接近中国代表团奖牌总数的五分之一。背负国人厚望、盼望一个完美收官的李宁，竟然出现了如此严重的失误！但失误后的李宁，对全场报以一个艰难但坚定的微笑。回国之后，面对铺天盖地的指责和攻击，他仍然报以微笑。第二年，李宁宣布退役，转而进入商业领域，经过艰难打拼，李宁创立了“李宁体育用品”品牌，并大获成功。1992年巴塞罗那奥运会，“李宁牌”服装被选为中国体育代表团专用领奖装备，结束了中国运动员在奥运会上穿着外国品牌服装领奖的历史。现在，“李宁牌”早已是中国体育用品的第一品牌，李宁也再次走上了人生的巅峰。

失败就像一个幽灵，经常和我们不期而遇。没有人能避免失败，但如何看待失败，就成了检验人才成色的关键因素。希望成功的人必须有永不言败的决心，并找到战胜失败、继续前进的法宝。不然，失败必然导致失望，而失望就会使人一蹶不振。“篮球之神”乔丹曾说过：“我可以接受失败，但不接受放弃。”跌倒了，要擦干泪水，勇敢地爬起来，再去尝试，再去拼搏，没准下一站你就会等来通向成功的班车。

有一位叫道格拉斯·麦克阿瑟的年轻人，他的梦想是进入美国西点军校，毕业后服务于国家。他接连两次报考均因微弱差距未被录取，大家都劝他还是放弃吧，选择一个更实际的职业也是个不错的选择，但麦克阿瑟坚持己见，他顶住压力，第三次报考西点军校，他终于如愿以偿。后来这位叫麦克阿瑟的年轻人成了五星上将，成为美国最高级将领之一，在第二次世界大战期间担任太平洋战区盟军总司令。

面对着一次次失败，人们都会心灰意冷，都会想：自己不是这块料，是不是应当转变思路，去寻找自己的新目标呢？这种想法也是人之常情，但是成功者不是这样，他们有超强的抗打击能力，在一次次的失败后他们总能重整旗鼓，重新再来。前面的失败会成为他继续前进的动力和营养，他勇往直前，直到成功为止。道格拉斯·麦克阿瑟就是这样的典范。

有个年轻人去微软公司应聘，而该公司并没有刊登过招聘广告。见总经理疑惑不解，年轻人用不太娴熟的英语解释说自己是碰巧路过这里，就贸然进来了。

总经理感觉很新鲜，破例让他一试。面试的结果出人意料，年轻人表现糟糕。他对总经理的解释是事先没有准备，总经理以为他不过是找个托词下台阶，就随口应道："等你准备好了再来试吧"。

一周后，年轻人再次走进微软公司的大门，这次他依然没有成功。但比起第一次，他的表现要好得多。而总经理给他的回答仍然同上次一样："等你准备好了再来试。"就这样，这个青年先后五次踏进微软公司的大门，最终被公司录用，成为公司的重点培养对象。

每个人的成功都不是随随便便得来的，就像这位年轻人，他的贸然闯入并不会给他带来惊喜，他的失败可以说是必然，但他的特殊之处是他没有放弃，而是越挫越勇，凭借着五次面试一点点进步，最终达到了公司的要求，这种锲而不舍的精神是所有公司都喜欢的一种精神特质。这种永不言败、永不言弃的做法使得他迅速成长。

也许，我们的人生旅途上沼泽遍布，荆棘丛生；也许我们追求的风景总是山重水复，不见柳暗花明；也许，我们前行的步履总是沉重、蹒跚。但这都不是我们放弃的理由。我们要在每次失败之后，坚定而自信地说一句：“再试一次！”这才是勇敢者的气魄，才是成功者的前奏。

第八章

经得住诱惑，扛得住寂寞

欲速则不达，宁静以致远

一味地求急图快，结果往往是越急事情越办不好，这和人们常说的“心急吃不了热豆腐”是同一个道理。万事万物都有一定的发展规律，有些事情越是着急，就越是会把事情弄得一团糟。

孔子的弟子子夏在莒父做地方官，他来向孔子问政，孔子告诉他为政的原则：“无欲速，无见小利；欲速则不达，见小利则大事不成。”就是要有远大的眼光，不要急功近利，不要想很快就能拿成果来表现，也不要为一些小利益花费太多心力，要顾全整体大局。“欲速则不达”便是其中的核心与关键，这是人所共知的道理。柏杨先生也曾说：“躁进之士跟野心家不同，野心家有时候还可以克制自己，躁进之士则身不由己地到处寻觅可以撞门的别人的人头，更为劳苦、危险。”

一味地求急图快，结果往往是越急事情越办不好，这和人们常说的“心急吃不了热豆腐”是同一个道理。万事万物都有一定的发展规律，有些事情越是着急，就越是会把事情弄得一团糟。

有一个小朋友，很喜欢研究生物，很想知道蛹是如何破茧成蝶的。有一次，他在草丛中玩耍时看见一只蛹，便取了回家，日日观察。几天以后，蛹出现了一条裂痕，里面的蝴蝶开始挣扎，想抓破茧飞出。艰辛的过程达数小时之久，蝴蝶在茧里辛苦地拼命挣扎，却无济于事。小朋友看着有些不忍，想要帮帮它，便随手拿起剪刀将茧剪开，蝴蝶破茧而出。但没想到，蝴蝶挣脱以后，因为翅膀不够有力，变得很臃肿，根本飞不起来。

破茧成蝶的过程原本就非常痛苦与艰辛，但只有付出这种辛劳才能换来日后的翩翩起舞。外力的帮助，反而让爱变成了害，违背了自然的规律。自然界中这一微小的现象放大至人生，意义深远。

现代社会中，许多人拥有的都是一颗躁进的心，于是，人们在不断跳槽中度过了人生中适合进步与发展的最佳时机，人们在金钱至上的追逐中失去了欢笑与幸福的能力，人们在“速度就是一切”的观念中迷失了自我。

曾有一位朋友这样诉说自己的苦闷：“我这一两年一直心神不定，老想出去闯荡一番，总觉得在我们那个破单位待着憋闷得慌。看着别人房子、车子、票子都有了，心里慌啊！以前也做过几笔买卖，都是赔多赚少；我去摸奖，一心想成个暴发户，可结果花几千元连个声响都没听着，就没有影了。后来又跳了几家单位，不是这个单位离家太远，就是那个单位专业不对口，再就是待遇不好，反正找个合适的工作太难啊！天天无头苍蝇一般，反正我心里就是不踏实，闷得慌。”

这便是现代人典型的“躁进”心理，面对急剧变化的社会，不知所适，对前途毫无信心，心神不宁，焦躁不安。于是，行动之前缺乏思考，变得盲目，只要能满足自己想要的，甚至可以不择手段。

棋坛有“石佛”之称的韩国围棋第一高手李昌镐，他总是以一颗平常心来对待每次对弈，置胜负于度外，平心静气地走好每一步棋，借用《士兵突击》中的一句话就是“心稳了，手也就稳了”。出现劣势时，对手大多有些慌乱，但他依旧毫无表情，纹丝不动，而最终的胜者则常常是他。

与李昌镐相比，现代人患上了浮躁的心理疾病，它使人失去了对自我的准确定位，使人随波逐流，使人漫无目的地努力，最终的结果往往是事与愿违。其实，欲速则不达的道理大家都懂，但在实际行动中却总是背道而驰，就连宋朝著名的朱熹也曾犯过同样的错，直到中年时，才感觉到，速成不是创作的良方，只有经过一番苦功方有所成。他用“宁详毋略，宁近毋远，宁下毋高，宁拙毋巧”这十六字箴言将“欲速则不达”做了最精彩的诠释。

罗马非一日建成，冰冻三尺，非一日之寒，追求效率原本没错，然而，一旦陷入躁进的旋涡之中，失败便已注定了。我们需铭记诸葛亮的“非淡泊无以明志，非宁静无以致远”，时时擦拭心灵深处的浮躁，时时提醒自己“一口吃不成个胖子”，及时地给自己的心灵洗个澡，去除那些躁进的因子，恢复一颗淡泊、宁静的心，人生才会拥有更大的幸福。

沉住气，才能成大器

有时候成功离我们真的很近，但是由于你不沉着，不够稳定，急躁让成功与你擦肩而过。所以我们一定要把握好身边的每一个机会，沉住气。相信自己，坚持行动，你就能成功。

爱尔玛 16 岁的时候，梦想在戏剧界成名，可是她的监护人——西亚叔叔却要她当一个售货员或者秘书。但叔叔知道爱尔玛非常固执，于是答应给她一次机会，去参加皇家戏剧学院的考试，考不上就必须服从他的安排。

考试的前几个星期，她给皇家剧院寄去一个棕色的信封，如果失败了，棕色的信封就退回来，如果通过了，就给她寄来一个白色信封，告诉她下次考试的日期。

爱尔玛精心准备了一个小品，表演一个快乐的农家少女，逗弄一个农村小伙子。她比他还大胆，她跳过小溪向他走去，手叉着腰，朝着他哈哈大笑。

考试那天，爱尔玛上台了，她跑两步往空中一跳就到了舞台的正中，欢乐地大笑，紧跟着说出了第一句台词。这时，爱尔玛很快地瞥了评判员一眼，让她惊奇的是评判员正在聊天，他们大声谈论着，并且比画着。爱尔玛见此情景，非常失望，连台词也忘掉了。她听到评判团主席说："停止吧！谢谢你……小姐……下一个，下一个请开始。"

爱尔玛仅在舞台上待了30秒钟就下台了，她什么人也看不见，什么也听不见，她只知道她能做的只有一件事——投河自杀，因为评委的态度让她明白了自己的最终结果。

她来到河边，看着河面，水是暗黑色的，泛着油光，肮脏得很。她想，等她死了别人把她拖出来的时候，身上会沾满脏东西，还得吞下那些脏水。"唔！这不行。"她打消了自杀的念头。

第二天，有人告诉她到办公室去取白信封。

白信封？！她有了白信封？！她真的拿到了白信封。她考取了。若干年以后，爱尔玛碰到了那个评判员，便问他："请告诉我，为什么在初试时你们对我那么不好？就因为你们那么不喜欢我，我曾经去自杀过。"

那评判员瞪大眼睛望着她："不喜欢你？亲爱的姑娘，你真是疯了！就在你从舞台侧翼跳出来，来到舞台上的那一瞬间，而且站在那儿向着我们笑，我们就转身彼此互相说着：'好了，她被选中了，看看她是多么自信！看看她的台风！我们不需要再浪费一秒钟了，还有十几个人要测试呢！叫下一个吧。'"

爱尔玛差点儿被一时的冲动毁了自己的前程！

有时候成功离我们真的很近，但是由于你不沉着，不够稳定，急躁让成功与你擦肩而过。所以我们一定要把握好身边的每一个机会，沉住气。相信自己，坚持行动，你就能成功。

的确，如果你不沉住气，那么本来能办得到的事，结果也许办不成；而相反，本来没有指望的事，如果你沉住气冷静思考和分析，那么事情就有可能办成。可见，人在办事前的心态是影响其成功的重要因素，有时候，事情的难易并非如人所料，不要被表面的现象吓倒，只要再耐心一点儿，沉住气，就会有意外的收获。

沉得住气是一种修养，有这种修养的人往往能镇定自若地控制局面，让局势转危为安。而日常生活中，有多少人能真正做到沉着冷静，沉得住气呢？常常见到一些沉不住气的人，在头脑发热的情况下就盲目行事，最后造成憾事。

世界网球明星、美国男子网球运动员麦肯罗，身体素质好，球技精湛。他在比赛中奔跑迅速，步伐敏捷；重扣轻吊，变化莫测，直线球、大角球更是鬼神难料。凭着他超人的体质、卓越的球艺，在历次比赛中，无论是在顺境中还是在逆境中，他都能成功地控制局势，赢得胜利，多次登上冠军的宝座。然而遗憾的是，麦肯罗球风恶劣，缺少起码的运动员品质。

麦肯罗在一次英国女皇俱乐部举行的伦敦草地网球比赛中，过五关斩六将，战胜了所有的对手，第三次蝉联了这项比赛的冠军。但是，就是在这次比赛中，他多次表现出极端恶劣的球风。他不服从裁判员的判决，蛮横地质问女裁判员克拉克：“你为什么要破坏这次比赛？”当场外观众对他的这种不礼貌行为进行批评和指责时，他又把怒气转向观众，大骂道：“笨蛋，住口！”“一群猪猡！”“你们跳到湖里去洗洗头脑吧！”最后，当他对一个边线球的裁判提出质疑时，十分野蛮地捡起地上的网球，狠狠地向女巡边员身上砸去。裁判员克拉克实在无法忍受这种极不文明的举动，向麦肯罗出示了“非运动员行为”的警告牌。比赛结束后，麦肯罗不但不认真反省自己的过失，反而向大会提出荒唐无理的建议：不要女裁判员裁判男子比赛。

他的粗鲁无礼，遭到过人们激烈的反对，使他失去了众多的支持者。但麦肯罗的恶劣球风并未得到彻底改正，终于受到严厉的惩罚。

1981 年 6 月 23 日，在伦敦温布尔登网球赛的第一轮比赛中，他又因一个球不服从裁判判决并且辱骂裁判，被大会组委会课以 1500 美元的罚款。并慎重警告，如果今后再有类似事情发生，他将被罚款 10000 美元，甚至取消比赛资格。

在这次受罚和严重警告以后，麦肯罗才冷静下来，开始注意自己的球风，并且在实际比赛中有了很大改进。在以后的一场双打比赛中，裁判员错判了一个边线球，他没有吵闹，十分规矩地接受了这个错判，并以友好和认真的态度打完了这场比赛。事后，记者评述道：“在这场比赛中，麦肯罗的行为是无懈可击的。”

但是“江山易改，本性难移”，不久，麦肯罗又旧病复发，经常在球场上因为控制不住情绪、沉不住气而辱骂裁判、丢拍子，因而得到了一个“坏孩子”的称号。

期望得到外界的认同，这一点本无可厚非，但在遭遇不公和挫折的时候，必须要学会理智，学会冷静，沉得住气，否则会使自己后悔莫及。

生活中，只有冷静沉着，沉得住气，才能理性地思考解决之道，这才是真正的智者所为。

孤芳自赏也是一种美

其实，孤独也是人生的一种体验，福楼拜说：“耐不住孤独的人，不会懂得真正充裕的快乐是怎样的。”有一种美丽就叫作孤芳自赏，不为他人，只为悦己，而悦己才能悦人。

时光流转，思绪万千。拨开心事尘封的情怀，记忆斑驳的流年，又有多少是我们能留住的？随着年龄渐长，再盛大的宴席总有散场的时候，再好的朋友也要踏上属于他们自己的旅程，人生总是容易被孤独寂寞侵袭，于是，有的人因为孤独而让自己陷入严重的生活危机。

其实，孤独也是人生的一种体验，福楼拜说：“耐不住孤独的人，不会懂得真正充裕的快乐是怎样的。”有一种美丽就叫作孤芳自赏，不为他人，只为悦己，而悦己才能悦人。

小 S 刚结婚的时候，他妈妈和大 S 告诫她说，一个女人，要想抓住老公的心，就得先抓住他的胃。

一天，小S对老公说："我要做咖喱饭给你吃。"此前，小S已向"咖喱大王"大S请教了做法，并认真地记下来，反复地在脑子里演练。可是等她真正操作起来，却不是很顺利：首先发现没有米，临时打发老公出去买米；切洋葱时，眼睛被辣得泪水直流，只好硬着头皮一边流泪一边切。好不容易切好洋葱，小S准备拿出主角——咖喱块，但只觉得脊背一凉：袋子里什么都没有！咖喱块被小S忘在车后座上了，而车被助理借去用了。小S再也忍不住，沮丧得放声大哭。老公吓坏了，赶紧冲进厨房安慰她。最后，他们去餐馆吃了一顿咖喱饭。

这是小S婚后唯一一次进厨房的经历。此后，小S就不做饭了，而是请他们家的厨师代劳。小S呢，就打扮得漂漂亮亮的，陪老公吃饭，这样对他们俩来说都比较轻松。

小S并不是"自私"，可是只有当她悦己之后，她自己才会过得很开心，她才会用这种快乐和幸福去感染她身边的亲人和朋友，因为她让自己活得精彩了，她身边的人也分享了她的快乐、幸福和成功。孤芳自赏也是一种生活的态度，但不是不听取别人的意见，而是在听取别人的意见之后还能坚持自己的，尤其在生活中，除了要相信自己的经验，关键在于"悦己"，自己的愉悦同样能够感染他人，让你的人生还是充满光彩。

孤芳自赏是一种自我品味、自我充实的感觉。台湾一名作家说："越是在人群中，你越苦恼，觥筹交错掩盖不住内心的空虚，当你独处时，也许是你最丰富的时刻。"当然，孤芳自赏并非清高不近人情，悦己并非自我封闭，与世隔绝。我们应当摒弃的是那些虚伪的"礼尚往来"和"夸夸其谈"，把感情和精力倾注到人生的体验中去，这才是人生的真谛。孤芳自赏不过是有自己的一番见解。我们不再是人云亦云的痴儿，也不是桀骜不驯的浪子，或许二八年华在学校被教育得因循守旧，或许血气方刚时初入社会初生牛犊不怕虎，但是这些都应成为过去。现在我们已经明白了自己是什么样的人，会成为什么样的人，所谓“不惑”，就是学会欣赏自己，做好自己。

孤芳自赏，往往伴随着孤独。这种孤独不是无人来往、孤家寡人的寂寞，而是高朋满座、宾客云集，却保持着自己的平常心，保持着独立、众人皆醉我独醒的魄力。并不是任何人都能够耐得住孤独或是寂寞的。能享受温情的人很多，但能享受孤独的人却很少。孤芳自赏还是一种沉静的美，一种自信的美。同样，孤芳自赏、坚持自我亦是坚持自己的理解和审美。

弱水三千我却只取一瓢，尤其是在生活里，没有必要太过中庸，有自己的见解和喜好也不是坏事。而且独到的喜好必然也是纾解生活压力的有效渠道。所以，有些孤芳自赏，对于40岁的人来说，不是坏事，反而是一件好事。所以让我们勇敢地面对孤独，拥有孤独的安详，享受孤独的宁静吧！历经世事，即便年纪轻轻或许都想找个地方静一静，谈不上孤芳自赏，只是独自整理思绪；更何况已经经历过懵懂和莽撞，我们更应该给自己一个独立的空间，同时多给自己一点儿肯定，让我们在孤独中愉悦自己的人生，同时给自己新的人生体验！

要有耐心和恒心

任何成就都来源于持久不懈的努力，把人生看作一场持久的马拉松。整个过程虽然很漫长、很劳累，但在挥洒汗水的时候，我们已经慢慢接近成功的终点。

当人们感慨幸运与成功为什么常常光顾他人，而从自己身边绕路走开的时候，却很少思考：那些成功的人与自己有什么不同。

这个世界上，有一种人，寂寂无声，却恒心不变，只是默默辛劳地努力着，坚持到底，从不轻言放弃。事业如此，生活亦如是。

有这样一则小故事：

当世界年纪还小的时候，洋葱、胡萝卜和西红柿不相信世界上有南瓜这种东西，它们认为那只是空想。南瓜默默不说话，只是继续成长。日升月落，斗转星移，一晃很多年过去了，当世界长成一个大孩子的时候，南瓜已经变成了我们最熟悉的蔬菜之一。

南瓜虽然默默不语，但它耐心地等待成长，最后让世人都知道了它的存在。耐性、恒心与追求结合之后，常常能形成百折不挠的巨大力量。

一位青年问著名的小提琴家格拉迪尼：“你用了多长时间学琴？”格拉迪尼回答：“20 年，每天 12 小时。”

也有人问基督教长老会著名牧师利曼·比彻，他为那篇关于“神的政府”的著名布道词，准备了多长时间。牧师回答：“大约 40 年。”

我们与大千世界相比，或许微不足道，不为人知。但是我们能够耐心地增长自己的学识和能力，当我们成熟的那一刻、一展所能的那一刻，将会有惊人的成就。

正如布尔沃所说：“恒心与忍耐力是征服者的灵魂，它是人类反抗命运、个人反抗世界、灵魂反抗物质的最有力支持，它也是福音书的精髓。从社会的角度看，考虑到它对种族问题和社会制度的影响，其重要性无论怎样强调也不为过。”

凡事没有耐性，不能持之以恒，正是很多人最后失败的原因。英国诗人布朗宁写道：

实事求是的人要找一件小事做，
找到事情就去做。
空腹高心的人要找一件大事做，
没有找到则身已故。
实事求是的人做了一件又一件，
不久就做一百件。
空腹高心的人一下要做百万件，
结果一件也未实现。

拥有耐力和恒心，虽然不一定能事事成功，但是绝不会事事失败。古巴比伦富翁拥有恒久的财富秘诀之一，便是保持足够的耐心，坚定发财的意志，所以他才有能力建设自己的家园。

任何成就都来源于持久不懈的努力，把人生看作一场持久的马拉松。整个过程虽然很漫长、很劳累，但在挥洒汗水的时候，我们已经慢慢接近成功的终点。半路放弃，我们就必须要找到新的开始，那样我们会更加迷失，可是如果能继续坚持按原路行进，终点就不会弃我们而去。

大度才能做大事

大度是一种美德，其本质含义就是对他人的某种失误、失态或过错予以理解、宽谅，不计较，不追究，体现出宏大的气量。

所谓大度，就是一个人面对与自己想法和预期目标不一致的人和事时，能够容忍的气度。

大度者，总是围绕大目标说话办事，即使对方在某些问题上冒犯了自己，或者某些事做得不到位甚至出了差错，但只要不妨碍大目标实现，就会予以容忍和谅解。气度狭窄者则与此相反，这种人目光短浅，遇事斤斤计较，不能宽容他人的错误和缺点，总把芝麻当西瓜，结果必然成为孤家寡人，说话没人听，办事没人帮，成不了大气候。因此，大度方能成大事。

章淳和苏轼年轻时是非常要好的朋友，两人一起求学，一起进入仕途。章淳的长子章援还是苏轼的门生。后来章淳当了宰相，因政见不合嫉妒苏轼的才华，竟然对苏轼进行残酷迫害，多次向皇帝进谗言，害得苏轼三次被贬，最后一次被贬到海南岛。没想到朝廷政局变动，苏轼获释还京。而章淳则被贬到雷州半岛。其子章援给苏轼写了封长信，请求苏轼谅解他父亲及帮助他。苏轼不计前嫌，不顾病重，提笔回信告诉章援："我与你的父亲相交四十多年，中间虽然有所误会，但交情不会因此受损。"并捎去布帛钱资，帮章援渡过难关。章援感动地大哭："糊涂的父亲呀，你误解了一个多么好的人呀。"

苏轼的大度能容，成全了别人，也升华了自己，这种交际品格让他一生"至交无数"，留名青史。大度容人，能让自己心平气和，轻松愉快，和不同性格的人和睦相处。相反，如果因为一点儿小事就大发其火，严厉指责，甚至耿耿于怀，这样不但会失去朋友的信任，还会让自己因为不得人缘而陷于愁闷，可谓伤人又害己。所以大度宽容不但是人际相处之道，也是赢得他人信任、保证事业成功的根本。

2011年6月，美国两个年轻人兰博和史密斯利用网上希拉里戴着墨镜玩手机的照片，在他们的网站上编出一个"希拉里发短信"的恶搞的图片故事，其中有一个故事更是说希拉里的丈夫克林顿把发给情人莱温斯基的短信误发给了希拉里，然后希拉里回复说："我是你的妻子希拉里，不是情人莱温斯基。"这组图片故事被兰博、史密斯传到网上后，引起轰动效应，成为全国热议的话题。希拉里很快看到了这组图片，她于2012年4月10日做出反应，打电话给兰博和史密斯，邀请两人到国务院做客，赞赏地说他们的网站非常棒，与他们合影留念，并对两个人说："谢谢你们创造了这么搞笑的希拉里。"两个人感动地说："我们恶搞你，你不但没有动怒，还把我们奉为上宾，我们非常感激。如果你竞选下届美国总统，我们一定投你的票。”消息传开，希拉里人气大涨。

大度是一种美德，其本质含义就是对他人的某种失误、失态或过错予以理解、宽谅，不计较，不追究，体现出宏大的气量。当别人的过错给自己带来损失时，有的人会大发雷霆，甚至以怨报怨，以牙还牙，用反击来惩罚对方，以发泄自己心中的怨气。这样做的结果不仅不能改变糟糕的现状，还有可能使情况更加恶化。而有的人则对自己遭到的损害、损失能够容忍，以大度之心原谅对方，这样，反而赢得了别人的信任和回报。

著名思想家波普曾说过：“错误在所难免，宽恕就是神圣。”孔子也把“恕”作为重要的人生修养目标。如果说犯错误是进步的前提，那么大度就应该是进步的基础。当然，大度不是无原则地做老好人，而应该把握好尺度。它不是纵容、鼓励别人去犯错误，而是允许别人有错误，给别人改正错误的机会。无论对于任何人和事，抱大度能容的态度，都是一种人生收获。大度是一种自信的体现，实际上是把一种信任、一种责任感交给人，而对方得到这种信任之后，会受到春风化雨的感化，向好的方向发展，大度的魅力就会体现出来。

刘磊和张涛都是单位里小有名气的“作家”——他俩的文章经常见诸报刊，稿费单也不时飞来，令很多同事好生羡慕。田辉在大学时是学中文的，也想爬爬格子，赚点儿稿费。于是他去找张涛求教，但张涛怕田辉写稿会与自己产生竞争，就找借口拒绝了。田辉又去找刘磊，刘磊听了他的想法，十分高兴。不但把自己写稿的经验和盘托出，还给他一些杂志让他研究，并帮他联系了几位杂志编辑。在他的热心帮助下，田辉很快上路，发表了文章，得到稿费之后，田辉请刘磊和张涛喝酒，张涛不好意思地拒绝了。田辉问刘磊是否担心自己会与他产生竞争，刘磊哈哈大笑着说："天下的稿费是挣不完的呀！"刘磊大度能容的处世态度，也得到单位很多人的认可，不久，他被提拔为部门主任。

古语说，"强者无忌"，就是说自信的人不会担心别人与自己竞争。《水浒传》中的白衣秀士王伦就因为不能容人，怕林冲及朋友进入梁山威胁自己的位置，最后被林冲怒而杀死。而晁盖则因为大度，吸引了宋江等众多英雄加盟，梁山随之壮大。大度的人，最显著的优点是，度量大，能容人容事。身在职场，对身边有才华的人压制、为难，并不会使对方的优秀消失，反而会激发别人更大的斗志，一旦对方发展起来，就成了自己的死敌和对头。反之，如果大度能容，对这样的人才予以帮助、提携，他们成长起来不但不会危及自己，反而会成为自己的帮手和朋友。

《周易》中说，"地势坤，君子以厚德载物"。意思是说，人应该具有大地那样宽广的胸怀，大度容万物，才能孕育出充满生机的世界。大度，一方面要有容人之量，要允许别人比自己强，对这样的人能够容得下，并予以提携帮助，在发展别人的同时，其实也就提升了自己的人生境界；另一方面是容人之失，别人犯了错误，冒犯了自己，要能够宽容谅解，用容让之心原谅对方，这样不但能化解原来的不快，还能化敌为友，赢得人气。海纳百川，有容乃大，大度的人，才能有包容万物的气象，才能成就人生的大事。

耐住寂寞，自能一飞冲天

在寂寞中锤炼自己，在孤独中慢慢成长，是走出平庸、走向杰出的必要途径。

我们每个人都有面临寂寞的时候，特别是随着我们渐渐地长大，寂寞也随着慢慢地增加，有的人把寂寞当作一种享受，而有的人则把寂寞当作人生过程中最灰暗的时期。其实不管是谁，在成长的过程中，我们都要经历或长或短的寂寞，有的甚至会伴随其一生的时间。寂寞其实并不可怕，可怕的是你在寂寞中会迷失方向，在寂寞中淡化了自己之前的一些坚定的意志和梦想！人们都知道在这个世界上唯一不变的是变化，而变化又无处无时不在，变化日新月异。然而对于我们这些凡俗之人来说，不可能随着变化永不停息地变化，如果一味跟随，就会被尘世的变化拖垮，轻则危害健康，重则悲观厌世。

明朝开国功臣刘伯温，满腹韬略。上知天文，下知地理，无所不通，无所不晓。他投奔朱元璋时已 50 岁了，献上了 18 条大政方略，构建战略思想，使朱元璋的事业得到决定性快速发展。明王朝建立后，他又制定立国法律制度，安邦兴国。刘伯温也以张良自命。可是，他缺乏张良功成身退的勇气与远见。朱元璋出于维护明王朝安全的目的，将刘伯温视为一个潜在的威胁，看作眼中钉，刘伯温虽然也看出端倪，但他耐不住寂寞，最终落得个被毒死的下场。

反观汉高祖刘邦“运筹帷幄之中，决胜千里之外”的谋士张良，在刘邦入都关中，天下初定时，就托辞多病，杜门不出。

刘伯温和张良都是人中豪杰，都是智慧之士，但他们的最终归宿相差甚远，归根结蒂，在于张良能够在功名利禄面前耐得住寂寞，见到君王只能同患难不能同富贵，就急流勇退了，而刘伯温在功名利禄面前迷失了自己，耐不住寂寞。虽然明白君王的为人，但他放不下那些诱人的名利，与虎谋皮，最终身死人手，可谓悲哉。所以说，我们人的力量如大千世界的一粒微尘，倘若不能以静制动，急流勇退，耐不住寂寞的话，必会白白耗费精力，结果一事无成，甚至还会引来祸端。

中国历史上唯一的女皇帝武则天，14 岁入宫为才人，因为貌美如花，受到了唐太宗的宠幸，赐号“武媚”；后来唐太宗觉察到武则天这个女人很不简单，处处提防她，甚至要让她为自己殉葬。武则天为了活命，在唐太宗死之前要求允许自己出家为尼。她过着青灯黄卷的生活。这种生活虽然很苦，但她耐得住寂寞和痛苦。等到新皇登基，救她出来，她被册封为皇后，后来更是亲自登上皇位，成为中国历史上唯一的一位女皇帝。

心中有大理想、大志向的人，面对人生寂寞，能够表现出极大的忍耐力。这种忍耐，绝不是消极地忍受，而是在寂寞和痛苦之中积蓄力量，等待时机。没有志向的人，寂寞带给他的是无以消遣的无聊，而胸怀大志的人，则会把这看成是“天将降大任于斯人也”必要的历练。因此，在自己的心里点一盏理想之灯，让它照亮前途，暂时的寂寞也就算不了什么了。

当年明月，原名石悦。1979年出生于宜昌一个普通干部家庭，他是顺德海关的公务员。因自身爱好历史，从20世纪90年代末期，石悦开始阅读史书，每天下班之后，回到家，他就开始了一个晚上的阅读。

当同事们下班后去打牌、看电影、聊大天的时候，他一个人孤独寂寞地躲在小书房里，专心读史书。南方的夏天湿热难耐，人们都在里弄里聊天、乘凉、打牌，石悦寂寞地躲在书房里汗流浃背。石悦耐住了寂寞，他最终获得了成功。他的代表作《明朝那些事儿》从互联网开始，席卷文坛。

2009年，作为全集的结束本第七册完稿出版。经过多次重印，他的这部作品总共出版1000多万册，“2011第六届中国作家富豪榜”重磅发布，当年明月以575万元的年度版税收入，荣登作家富豪榜第8位。

我们熟知那些文学大家的事迹，他们无一例外地都是忍耐寂寞、享受寂寞的高手。

在寂寞中锤炼自己，在孤独中慢慢成长，是走出平庸、走向杰出的必要途径。所以说我们现代人要想成功，就要耐得住寂寞。年轻人总是抱怨上天对自己不公，可你有没有问过自己，自己的理想是什么？真正喜欢的又是什么？而为了理想和自己喜欢的东西，你是否肯忍耐寂寞呢？是的，寂寞是枯燥的，但宁静致远，只有在寂寞中吸纳知识，学习技能，才能有一飞冲天的可能。

所谓十年磨一剑，一朝试锋芒，没有长时间寂寞的锤炼，是不会打造出神兵利器的。

耐住寂寞，是为了实现心中梦想，这就要求为了理想，暂时与财富、名誉告别，埋头苦干。“锋尚国际”老总张在东就书写了这样的人生传奇。

张在东毕业于武汉科技大学建筑设计专业。大学毕业后，他没有像其他同学那样急着去设计房子赚钱，而是立志要建设自己理想中的“绿色建筑”，即不用暖气和空调，让房子保持20℃～26℃的温度，节能环保。

为了实现这个目标，他一忍就是十年，十年间，在别人都在跟乡长喝酒圈地时，他却拎着大书包每天走进中国人民大学投资系的教室，前后苦苦研读了29门课程。没过几年，他又跑到中国社会科学院金融所读起了博士研究生。当别人都在用资金的高杠杆拿地扩张时，他却潜心于绿色建筑，一心一意搞技术。

2002年，张在东推出自己的“锋尚国际”楼盘，其先进的设计理念和完美的建筑工艺，立刻赢得了广泛赞誉，短时期内，国内外600多篇文章对其进行报道，建设部领导前往视察，“锋尚国际”被赞为代表时代潮流的建筑。

学太极拳有一句谚语：“十年太极不出手。”意思是说，学太极拳要耐得住寂寞，要做好十年内不出手与人比武的思想准备，这期间，即使有人挑衅你，也要忍耐，最终才能练成四两拨千斤的绝技。追求成功与学习太极拳非常相似，那就是成功之前，有一大段路是由寂寞铺就的，踩着寂寞一路坚持下去，才能看到成功的繁花。寂寞是每个人成功路上无法逃避的宿命，所以我们想要成功，只能去忍耐它，只有战胜它，才能站到自己的人生巅峰。

十年瓦釜雷鸣后，来听黄钟大吕声。既然选定了理想，那就为了它，去享受寂寞，在寂寞中丰富、提高自己，去等待一飞冲天的那一刻吧！

第九章

向着目标前进，我们的征途是星辰大海

没有目的地就起程，是件危险的事

一位哲人说过：“伟大的目标构成伟大的心灵，伟大的目标产生伟大的动力，伟大的目标形成伟大的人物。没有远大的目标会使人失去动力！没有具体的目标会使人失去信心！”

人生就好像一场漫长的旅途，旅途中原本就困难重重，要想成功更不容易；如果你没有清晰的人生目标，不知道自己的目的地在哪里，没有目的地就起程，是件危险的事，因为你连自己行囊里应该准备些什么都无从下手。而且在旅行的过程中，你肯定不是一帆风顺的，当遇到各种各样的困难甚至陷入绝境时，目标会在黑暗中为你指明道路，帮助你渡过一个个难关。否则，你很容易在人生的旅途中迷失方向。

梅西从小就喜欢足球，他 10 岁在纽维尔老男孩队参加训练。一天下午，他所在的球队和另外一个同年龄段的球队进行足球比赛。队友几次把球传到了他的脚下，梅西都由于过度紧张，面对球门时竟闭上了眼睛，造成球总是擦门而过。最后，他的球队惨败。

比赛结束后，他痛苦地走进更衣室。在更衣室里，好多伙伴对他发出嘲笑的嘘声。他换下来的鞋子也被一个伙伴抢走，拿着往里面吐口水，然后得意地给其他小伙伴展示，并现场给他起了一个外号“臭鞋大王”。他难受极了，心想也许自己根本就不是踢球的料，干脆放弃算了。

他低着头，心烦意乱，一个人孤单地走在回家的路上。他一边走一边哭，这时他看到一只青蛙正好奇地看着眼泪汪汪的自己，他有些生气，恶作剧般地朝青蛙撒了一泡尿。但他发现，在这个过程中，那只受辱的青蛙一直保持着一个姿势，仍鼓着一双圆眼看着自己，没有躲闪，没有逃离。

他看着这只受辱的青蛙，心里既遗憾又悲伤，怏怏不乐地回到家里，把今天发生的一切原原本本地告诉了父亲。父亲耐心地听完，看着他的眼睛，郑重地告诉他，一个人要想成功，就要像那只姿态昂扬的青蛙一样，正视不公、直面屈辱。小梅西的心灵被震撼了，他内心的梦想开始复苏，他觉得那只受辱而不屈的青蛙就是自己最好的老师。他暗暗给自己制定了一个目标：我也要在逆境中努力，进最好的球队，成为像马拉多纳那样的伟大球员，登上足球的顶峰，成为世界足球先生！从那天起，他每天踢球 8 个小时以上，有条不紊地坚持学习和训练。教练的批评、队友的指责，他都能坦然面对，他自信地昂起头，一步步地走自己的路，他的眼里只有一个目标：球门。

2005 年年底，在意大利体育报纸《全体育》组织的“金童奖”的评选中，他更是以压倒性的优势击败鲁尼当选 2005 年度的欧洲最佳新秀。现在他是巴塞罗那的前锋球员以及阿根廷的国脚，被球迷亲切地称为“新版马拉多纳”，他用近乎完美的球技实现了自己的目标。

2009年12月1日，梅西凭借2008—2009赛季带领巴塞罗那取得西甲、国王杯、欧洲冠军联赛三冠王的成绩，击败C罗获得2009年欧洲金球奖。

20天后，在苏黎世举行的第19届国际足联颁奖典礼上，里奥·梅西笑到了最后，获得了“2009年世界足球先生”称号。捧着金灿灿的奖杯，他微笑着说：“不要闭上眼睛踢球，要紧紧盯住自己的目标。只要努力，梦想就离你不远了。”

一位哲人说过：“伟大的目标构成伟大的心灵，伟大的目标产生伟大的动力，伟大的目标形成伟大的人物。没有远大的目标会使人失去动力！没有具体的目标会使人失去信心！”哲人的话告诉我们：成功的道路是目标铺出来的。

梅西的人生导师是那只遭受尿击却仍然姿态昂扬的青蛙，他受到那只青蛙的鼓舞给自己制定了一个远大的目标，然后集中全部注意力，拼上所有力量，朝着目标不懈地努力，不在意别人的打击和嘲笑，最终获得了“金球奖”，并成为“世界足球先生”。

每个人都有无限的潜能，目标就是激发潜能的最有效手段。当你的目标足够坚定、无法撼动时，那么在实现过程中遇到的艰难险阻也不过是提升自我的一个个手段而已。当拥有明确的目标，下定决心去改变生活时，我们就会拥有积极的人生态度，无论遇到怎样的困难都不会放弃，会一直朝着目标不断努力。这个世界会接纳你，梦想也会一步步成为现实。

我们真正的难题是如何确立人生目标。其实人生目标很有可能在年幼的时候已经在人们的心里埋下了种子，只是在经历了漫长的学习生涯以后已经和我们渐行渐远。

当走出校门时，我们发现当年的梦想已经不见踪影，学习生涯的终极目标——大学也已经结束。于是我们迷茫了，不知道自己应该走向何方，选择什么样的生活。

这个时候也许父母的指导能够起到一定的作用，朋友的建议也能有所帮助，不过还是要自己拿主意。你可以选择重拾年幼时候的梦想，如果不在那个方向上了也可以试试“曲线救国”、围魏救赵；如果你已经走上了截然不同的道路并且不打算回头了，不妨试试往前走，顺着自己即将开启的职业生涯，设定一个符合自己专长的人生目标。

俗话说，三百六十行，行行出状元。有了人生目标之后，向着这个目标前进，比站在原地犹豫不决更有意义。

一切美好的事物都是曲折地接近自己的目标

人生就像一条奔腾不息的河流一样，河流在行进过程中遇到山石或者草丛的阻挡时，懂得迂回而过，它的弯曲与迂回造就了它的生生不息、气势磅礴，然后才能够汇入汪洋大海，锤炼了自己的生命。我们甚至可以认为，河水的流动是循序渐进的，如同我们的生命，总是能听到欢快的人生之曲。

远行之人，前有高山挡路、石头绊脚，自然会想办法绕过去，或者动脑筋另辟蹊径。人生也就是一场旅途，当你已经清楚地知道自己的目的地时，不要被旅途中的高山和巨石阻碍你的行程。山重水复疑无路，柳暗花明又一村，除了告诉我们要满怀希望之外，还告诉我们绕过你以为挡路的大山，也许背后就是你想要到达的目的地。

“愚公移山”的故事我们从小就耳熟能详，愚公的精神固然值得大家学习，但是前提是他以移开大山为人生目标。如果你的人生目标并不是移开大山，而是要去往大山的另一端，耗费一生的时间来移一座挡住你去路的大山就成了真正的“愚公”，因为这样的你就永远没有办法到达你的目的地。你人生的目标是到达那个你在人生地图清晰标注出的目的地，而不是去搬动那座挡住你去路的大山。

中国有句古话叫作：“人挪活，树挪死。”遇到这种情况，你也可以学着走走弯路，想个办法绕过去。当绕过这些阻碍你行程的“高山、巨石”后，你也许会发现自己离目标更近了一步，甚至找到了一条真正适合自己的成功之路。

在美国有一个年轻人，很想成功，那时正赶上美国西部淘金热，年轻人很想去西部淘金。在去淘金之前，他向一位成功者请教如何抓住机会让自己快速成功。成功者给了年轻人一封信，告诉他成功的秘密就在这封信里，并要他在遇到重大困难和障碍的时候再拆开。年轻人很感激成功者，然后匆匆上路了。

快到淘金地点的时候，一条大河挡住了所有淘金者的去路。很多人怨声不已，有的打道回府，有的绕道而行。这时候年轻人想起成功者给他的那封信，于是他跑到大河边拆开那封信，上面写了这样几句话：“这个世界上没有问题，只是当你的思想发生改变的时候，这个世界就会跟着改变！”年轻人在河边大声地读起来，还不断用力地鼓掌。连续喊完20遍后，他突然想到了一个赚钱的点子——摆渡。

于是这个年轻人用自己仅有的钱租了一条船，靠摆渡淘金者来赚钱。所有淘金者淘金心切，都以高价搭乘年轻人的船过河，随着人们纷纷过了河，他也赚到了第一桶金。于是他把船退掉，也前往西部淘金了。

来到西部，年轻人通过自己的努力找到了一个金矿，有一天，来了几个大汉，对年轻人说：“小个子，你明天不用来了，这个地盘属于我们了。”年轻人据理力争，但最后的结果是被痛打一顿，因为那时美国西部没有法律，解决问题靠的是武力。无奈之下，年轻人只有灰溜溜地离开。好不容易又找到另一处合适的地方，没多久又被人打了一顿并被轰走。刚到西部没多久就多次受到同样的欺辱。最后一次被人打完后，年轻人看着那几个刚刚打过自己的人的背影，他又想起他的“制胜法宝”，然后大声地喊起来，并一边喊一边鼓掌，“这个世界上没有问题，只是当你的思想发生改变的时候，这个世界就会跟着改变！”

喊了几遍后，他突然又想到了一个挣钱的办法。西部淘金的人很多，但那时候的西部很缺水，人们喝水很不方便，于是年轻人做了一辆水车来卖水。人们都需要喝水，年轻人的生意非常好，一段时间下来就赚了不少钱。但好景不长，很多人都仿效年轻人来卖水，这样很快生意就被瓜分了。年轻人就又想，再这样继续卖下去也不是个长久之计，于是他又开始冥思苦想，突然他又想到了一个赚钱的好办法。

西部淘金的人由于成天在野外挖矿，衣服都极易磨破，他发现西部到处都是废弃的帐篷，于是年轻人就把那些废弃的帐篷收集起来，清洗干净，并缝制出了世界上第一条用帆布做的裤子——牛仔裤，这种裤子布料很厚很结实，不容易磨破，非常受欢迎。从此一发而不可收，年轻人最终成了举世闻名的“牛仔大王”，创造了世界牛仔服的著名品牌“Levi’s”，这个年轻人就是李维斯。

尼采说过：“一切美好的事物都是曲折地接近自己的目标，一切笔直都是骗人的，所有真理都是弯曲的，时间本身就是一个圆圈。”人生就像一条奔腾不息的河流一样，河流在行进过程中遇到山石或者草丛的阻挡时，懂得迂回而过，它的弯曲与迂回造就了它的生生不息、气势磅礴，然后才能够汇入汪洋大海，锤炼了自己的生命。我们甚至可以认为，河水的流动是循序渐进的，如同我们的生命，总是能听到欢快的人生之曲。

烟花的灿烂往往令人惊叹不已，然而它的生命却是在瞬间就会化为乌有。一味地愚昧执着会过分透支生命。生命所需要的并非是昙花一现的惊艳，而是循序渐进的踏实；生命所热衷的并非是流星的仓促，而是恒星的持久；生命所追求的并非是交响乐的激昂，而是小夜曲的舒缓。

一位计算机博士在美国找工作，他奔波多日却一无所获。万般无奈，他来到一家职业介绍所，没出示任何学位证件，以最低的身份做了登记。很快他被一家公司录用了，职位是程序输入员。对一位计算机博士来说，显然是大材小用了，但是他很珍惜这份工作。

不久，老板发现这个小伙子的能力非一般程序输入员可比。此时，他亮出了学士学位证书，老板给他换了相应的职位。又过了一段时间，老板发觉这位小伙子能提出许多有独特见解的建议，其本领远比一般大学生高明。此时，他亮出了硕士学位证书，老板立刻提拔了他。

又过去了半年，老板发觉他能解决实际工作中遇到的所有技术难题，于是决意邀他晚上去家中喝酒。一直到酒席桌上，在老板再三盘问下，他才承认自己是计算机博士，因为工作难找，就把博士学位瞒了下来。第二天一上班，他还没来得及出示博士学位证书，老板已宣布他就任公司副总裁。

计算机博士的故事其实很值得我们思考，一个人要懂得生命的迂回，在奋斗中遇到阻碍时要善于储蓄智慧，而不是一味地固执己见。迂回地去表达，去实现自己的目的是现在社会不二的生存法则，即便认为自己是正确的，也不必要一条路走到黑。其实，这位博士仍然坚守自己的人生目标，只是他读懂了生活对他的考验，面带微笑地迂回前行，这样的人，这样的人生才具有顽强的生命力。

当我们换一种思维来思考人生、思考生活的时候，你就会发现，其实这个世界上有无数条通往成功的道路，正所谓“条条大路通罗马”，没有必要让自己的人生走进死胡同。即便你所渴望的成功只有面前的这一条路，也不是在任何时候都要求你埋头往前冲，或许因为某些原因你偏离了这条路，走上了另一条路，只要你的目标还在那里，不久之后绕过艰难险阻，经历过更多的瑰丽风景，或许你会发现自己又站在了你最初想要沿着它前行的那条道路上。

“不行”，就是逃避的借口

当遇到事情的时候，不要想着这件事情有多么难，而是应该积极地去面对和解决。

在这个残酷的世界里，别人只会看重你最后的结果，而你如何达到这个结果，则无人问津。我们要做的，不是抱怨世界的不公平，不是自卑自己的出身，自怨自艾除了增加负面情绪，对我们来说一点儿用处都没有。我们需要做的是抹干眼泪，狠狠地逼自己，让自己不断变强。

当我们强大到依靠我们自己，依然能够在这个残酷的社会中站稳脚跟，获得自己一席之地的时候，我们才有资格去挑战世界。那个时候你也许比你当时羡慕的那些人更有高昂头颅的资格。

从前有一户人家的菜园里摆着一块大石头，宽度大约有 40 厘米，高度有 10 厘米。

到菜园的人，一不小心就会踢到那一块大石头，不是跌倒就是擦伤。

儿子问："爸爸，那块讨厌的石头，你为什么不把它挖走？"爸爸这么回答："你说那块石头啊？从你爷爷的时代，一直放到现在，它的体积那么大，不知道要挖到什么时候，没事无聊挖石头，不如走路小心一点，还可以训练你的反应能力。"过了几年，这块大石头留到下一代。

当时的儿子娶了媳妇，当了爸爸。有一天儿媳妇气愤地说："爸爸，菜园那块大石头，我越看越不顺眼，改天请人搬走好了。"爸爸回答说："算了吧！那块大石头很重的，可以搬走的话在我小时候就搬走了，哪会让它留到现在啊？"儿媳妇心底非常不是滋味，那块大石头不知道让她跌倒了多少次。

有一天早上，儿媳妇带着锄头和一桶水，将整桶水倒在大石头的四周。十几分钟以后，她用锄头把大石头四周的泥土搅松。她早有心理准备，可能要挖一天吧，谁都没想到几分钟她就把石头挖了起来，看看大小，这块石头根本没有想象的那么大，原来几代人都是被那个巨大的外表蒙骗了。

很多事情看起来就像那块大石头，刚开始接手的时候，因为自己从来没有遇到过，内心会产生恐惧，害怕如果自己无法完成或者做不好，到时候会被大家鄙视。

当这种恐惧无限扩大后，我们就会给自己暗示，我不行的，这个事情我做不了，给自己找个借口逃避。其实，如果你积极地去面对和解决，这些事情并没有你想象中的那么困难。就像是故事中的那块石头，看起来根本无法搬动，可是那个儿媳妇只用几分钟就把石头挖起来了。

石头没有想象中的那么大，正如那户人家的父亲和儿子都被石头巨大的外表给蒙骗了，我们也常常被“困难”这个名词本身所欺骗，并非不能克服的叫“困难”，相反，困难就是用来被克服的。

很多事情并不是因为困难而让我们不敢做，而是因为我们不敢做事情才变得困难。如果遇到自己无法完成的事情，千万不要因为你自己没有做过而不尝试，因为每一句不行，都会让你离目标更远。没有做过怎么知道自己不行？有时候，相信自己，就能够做出更多自己想象不到的事情。

我记得香港娱乐圈“歌影双后”杨千嬅说过她自己能够走到今日，无非是靠一个“勇”字。没有这个“勇”字，或许杨千嬅还是那个在葵涌玛嘉烈医院默默无闻、庸庸碌碌的小护士。一个“勇”字就是奋斗的理由，一句“不行”就是逃避的借口。如果不狠狠地逼自己，你永远不知道自己有多优秀，你永远也不知道自己能够达到怎样的人生高度。

而你也会因为每一句“不行”，让自己错过一次又一次提升的机会。一个人失去一次机会并不算什么，可就是在这一次一次的失去中，你离成功越来越远。

唐太宗贞观年间，长安城西的一家磨坊里，有一匹马和一头驴子。它们是好朋友，马在外面拉东西，驴子在屋里推磨。贞观三年，这匹马被玄奘大师选中，经西域前往印度取经。

马来跟驴子告别，驴子听完，说：“沙漠里有会吞噬人畜的流沙，陡峭的山岭道路崎岖难行，深山里面野兽出没……这么多危险，你们肯定到不了西域，还是不要去的好。”马什么话也没有说，微笑着跟驴子道别了。

17年后，这匹马驮着佛经回到长安。它重到磨坊会见驴子朋友，老马谈起这次旅途的经历：浩瀚无边的沙漠，高入云霄的山岭，凌峰的冰雪，大海的波澜……那些神话般的境界，使驴子听了大为惊异。

驴子惭愧地道：“你有多么丰富的见闻啊！那么遥远的道路，我连想都不敢想，当初我还劝你不要去呢。”“其实，”老马说，“我们跨过的距离是大体相等的，当我向西域前进的时候，你一步也没停止。

不同的是，我同玄奘大师都认为肯定能够达到西域，朝着始终如一的方向前进，所以我们走向了广阔的世界。而你被胆怯缠住了脚步，一生围着磨盘打转，所以永远也走不出这个狭隘的天地。”

虽然这只是个小小的寓言故事，但是它告诉了我们：当遇到事情的时候，不要想着这件事情有多么难，而是应该积极地去面对和解决。在这件事情上世界是很公平的，只有难办的事完成了才能取得傲人的成绩。

你很羡慕身边那些20多岁就很有成就的人，可是你不是他们，你不知道他们为了今天的成就经历多少你从没想过的困难，他们吃过的苦、受过的累，你也没有体会过。

他们中的大多数人起早贪黑就是为了心中的理想一直坚持。

每天当你还在梦乡的时候，他们就已经早早起床；深夜你在看电影、玩游戏的时候，他们还在为明天要交的工作计划加班。

他们取得的成功不是因为他们没有经历困难，是因为他们在遇见困难的时候没有想过“我不行”，而是决定勇敢地面对，即便他们为克服这个困难需要付出更多的努力和代价。

可以玩物，但不可以丧志

了解娱乐真正意义的人是不会丧失格调的，更不会学得满身恶习。玩物并不一定丧志，玩也是可以玩得有意义的。

现今社会中，我们从小就背负太多的负担和压力前行，小时候，父母就告诫我们：不要贪玩，要好好学习；长大后，别人告诫我们：不要贪玩，要好好工作。于是，我们把自己一生最美好的时间都用来努力学习、拼命工作，总是告诉自己等老了，我们会好好地玩玩，为了达到别人的期许，我们耗尽了自己的精力。

虽说人活在世上不能碌碌无为地过一生，要为更好的生活去奋斗，可在奋斗的过程中也需要适当的放松，去享受一下生活的美好和精彩，否则你奋斗的意义是什么。

了解玩物的真正意义的人是不会沉溺于玩物而丧失自己的斗志的。有的人即便是玩儿，也能玩出花样、玩出另一番天地，甚至能成就不同于本职工作的另一番事业。可对许多人来说，他们在寻找玩物的方式时，往往不太关心它在满足自己嗜好的同时，是否会有益于身心健康，他们往往不太注意如何慎重选择娱乐的形式。更极端的状况是，有些人并不懂得节制，甚至找错了方向，脱离了真正的玩物方式，他们在寻找的过程中迷失方向，没有办法抵达真正的目的地。比如饮酒，适量的饮酒确实是一种非常好的休闲享受，尤其在遇到自己的好友时，与其小酌几杯，既能增加气氛又能拉近彼此的距离。但是，如果饮酒过量，甚至嗜酒成性，变成酒鬼，就既伤害自己的身体又损害自己的名声。

曾经的北京城里就有一位玩物不丧志的大家，他名叫王世襄，号畅安，是著名的文物专家、学者、文物鉴赏家、收藏家，是国家文物局中国文化遗产研究院研究员、中央文史研究馆馆员。他出身于书香门第，父亲在他年幼就经常带着他去逛古玩店，买些残缺的古玩字画，这对幼年时期的王世襄有着潜移默化的影响。早在少儿时期，王世襄就对京城的杂七杂八的玩意儿都玩得有板有眼。曾有一度他痴迷于养鸽，当时他就读于北京美侨小学，一连数周英文作文，篇篇言鸽。教师怒而掷还其作业，斥曰："汝今后如不改换题目，不论写得好坏，一律P（即poor）！"由此可见，王世襄当时对养鸽痴迷到什么程度。

他玩的东西纷繁复杂，粗算就有蟋蟀、鸽子、大鹰、獾狗、掼交、烹饪、火绘、漆器、竹刻、明式家具等，除此之外，他还学会了在葫芦上烫花的技艺。他玩这些不为消遣，而是真心喜爱。为了得到爱物，他舍得花钱，甚至长途跋涉、餐风饮露亦在所不辞。在玩乐中，王世襄结交了不少京城各阶层玩得有名气的朋友，并与其一起切磋古玩鉴赏、诗词歌赋等。他玩物的同时，也不断花心思去研究他的爱物，于是，他在诗词、书法、火绘、驯鹰、烹饪、美食、美术史、中国古典音乐史、文物鉴定、民俗学等方面都是公认的“大家”。王世襄玩的东西多半属于民俗，但大俗的东西到了他这儿却玩成了大雅。最可贵的是他能留心玩的学问，与一般玩家不同的是，他不但能玩，也能写，大凡他玩过的东西，都留下了文字记载和研究心得。于是，黄苗子先生说他“玩物成家”，启功先生说他“研物立志”。过去在一般人眼里，架鹰、走狗、斗蛐蛐是游手好闲的市井之徒所为，经他把这些东西加以描述和总结，这些东西马上升格，成为文化。他不失为一位最不丧志的玩物大家。即使现在他已经去世，但说起京城里“会玩儿”的大人物，他的名字仍然一次次地被人们提到。

心理学家米哈里·齐克森米哈里发现一种将个人精力完全投注在某种活动上的感觉，即心流，它产生时，人会有高度的兴奋及充实感。王世襄专注于那些他热爱的事物的时候，他已经达到心流状态，这是一种美妙的感觉。平时，在玩游戏的时候，我们不在乎劳累、饥饿，我们只会继续，其实这就是一种“心流”状态。如果我们能够把这种状态用到工作中，对我们的工作大有裨益。假如你能很好地控制游戏时间，也可以很好地增强自律能力；那么玩游戏的同时，也能帮助你增强思维，增强头脑敏锐性、反应速度，提高调用资源的能力。

了解娱乐真正意义的人是不会丧失格调的，更不会学得满身恶习。玩物并不一定丧志，玩也是可以玩得有意义的。我们在为梦想奋斗的同时，不妨也找出自己的爱好，适当地玩玩儿，感受一下花花世界的各个方面，但也应该好好学习如何才能真正地玩，玩得既有深度又有广度。

抛开这些有些“功利”的目的，适当地玩，至少能让我们放松身心，劳逸结合是提高效率的有效方式。什么东西一旦成为工作，就很难变得妙趣横生。所以工作任务对于大多数人来说都是压抑的。玩，是舒缓压抑情绪的好方法。只要适量，就能削减工作中积攒的负面情绪，缓解工作带来的精神上的疲劳。所以玩物不丧志，绝对是年轻的我们应当提倡的娱乐心态。

没有什么比习惯的力量更强大

有人说性格就是命运，其实习惯才是决定命运的关键。人是顺着自己的习惯活动的，就像物体顺着自己的惯性运动一样。

古罗马诗人奥维德说过：“没有什么比习惯的力量更强大。”习惯是一种无比强大的力量，强大到可以主宰我们的人生。

父子俩住在山上，每天都要赶牛车下山卖柴。老父较有经验，坐镇驾车，山路崎岖，弯道特多，儿子眼神较好，总是在要转弯时提醒道：“爹，转弯啦！”

有一次父亲因病没有下山，儿子一人驾车。到了弯道，牛怎么也不肯转弯，儿子用尽各种方法，下车又推又拉，用青草诱之，牛一动不动。

到底是怎么回事？儿子百思不得其解。最后只有一个办法了，他左右看看无人，贴近牛的耳朵大声叫道：“爹，转弯啦！”

牛应声而动。

牛用条件反射的方式活着，而人则以习惯生活。一个成功的人知道如何培养好的习惯来代替坏的习惯，当好的习惯积累多了，自然会有好的人生。最可怕的还不是我们拥有什么样的习惯，而是染上某种恶习却不自知。把青蛙放在开水中，青蛙会迅速跳出来，但把它放在冷水中慢慢加热，青蛙就会感到很舒服，直到最后烫死在里面。我们身上的很多不自觉行为，就像青蛙所处的水一样，在慢慢加热：在学校里，只知道背诵答案却不知道如何独立思考的习惯，使我们失去了重要的创造能力；在工作中，只知道服从却不知道如何提出更好意见的习惯，使我们失去了很多发展机会；在生活中，天天上网聊天、看电视连续剧的习惯，使我们失去了很多专心致志完成重要事情的时间，最后，我们这辈子平庸地来，平庸地去。

有一头骡子，自小就在磨坊里拉磨，日复一日绕着石磨兜圈子，十几年如一日，勤勤恳恳。有一天，它终于老得再也拉不动石磨了。主人觉得它劳苦功高，决定把它放养到旷野之中，让它在绿草地里自由自在地度过余生。但这头骡子从来就没有享受过蓝天白云下的自在生活，它已经失去了作为动物融入大自然的天生本领。在如此宽阔的天地中，这头骡子唯一能做的就是在吃饱以后，绕着一棵树不断地兜圈子，直到最后死在这棵树下。

很多人过着和这头骡子一样的生活。从小我们就养成了各种各样的习惯，并且被这些习惯所左右，不假思索地按照自己的习惯去做事情。有人说性格就是命运，其实习惯才是决定命运的关键。人是顺着自己的习惯活动的，就像物体顺着自己的惯性运动一样。人在习惯之中生活有一种很舒服的感觉，而且这种感觉和生理上的舒服直接相关，就像抽烟和吸毒一样，很容易上瘾，明明知道这样下去对自己没有好处，却依然禁不住诱惑继续下去。无数事实告诉我们，成功的道路千万条，成功的方法也数不清，成功的要素无数多，但成功的关键可简单地归结于一点：习惯的力量。所以，从现在起，要把优秀变成一种习惯，把我们的优秀行为变成我们的第二天性，让优秀随着我们的行为习惯性地散发出来。

把习惯变成规律，自然是把好的习惯变成规律。习惯可以被破坏，而规律往往不易被打破。现在坚持对于你来说不过是每天都在做的事情，借由这种坚持强化自己的好习惯，同时好习惯还没有养成前运用规则尽快地引导。就好像你每天 6 点起床锻炼身体是个好习惯，你大可把它变成规律，周而复始。这样坚持锻炼身体，熟悉你的人也掌握了你的作息，从而不在这个时候要求你去干别的事情。

其实所谓规律不仅仅是在作用于你，也作用于别人。所以把你的习惯变成规律，一方面对自己有利，能够合理规划生活，同时督促自己遵守；另一方面对与你相处的人也有利，毕竟遵循规律看起来比配合别人的习惯要客观。

多“充电”，掌握瞬息万变的信息

光叹息不知道的太多是没有用的，而是要行动起来，为自己“充电”，习惯不断学习。

据统计，当今世界 90%的知识是近 30 年产生的，知识半衰期只有 5～7 年。而且，人的能力就像电池一样，会随着时间和使用而逐渐流失。因此，人们的知识需要不断“加油”“充电”。相反，现在社会高速发展，一旦忽视，往往就很容易落伍，然后进入恶性循环：越落伍越不懂不理解，越不懂不理解，随着社会的进步就越落伍。

师旷是我国古代著名的音乐家。一天，师旷正为晋平公演奏，忽然听到晋平公叹气说：“有很多东西我还不知道，可我现在已70 多岁，再想学也太迟了吧！”师旷笑着答道：“那您就赶紧点蜡烛啊。”晋平公有些不高兴：“你这话什么意思？求知与点蜡烛有什么关系？答非所问！你不是故意在戏弄我吧？”师旷赶紧解释：“我怎敢戏弄大王您啊！只是我听人说，年少时学习，就像走在朝阳下；壮年时学习，犹如在正午的阳光下行走；老年时学习，那便是在夜间点起蜡烛小心前行。烛光虽然微弱，比不上阳光，但总比摸黑强吧。”晋平公听了，连连点头称是。

所以光叹息不知道的太多是没有用的，而是要行动起来，为自己“充电”，习惯不断学习。当然所谓“充电”，并不是只学会与工作相关的知识就好了。

在离德国科隆不远的西比希城，约翰娜·玛克司夫人可是个响当当的人物。早在1994年，当时70高龄的她，经过长达6年的刻苦攻读完成了学业，并以优异的成绩获得了科隆大学的教育学硕士文凭。

9年之后的今天，玛克司夫人又在年近八旬的79岁时，完成了长达200页的博士学位论文，论文的题目是“如何度过晚年——学习使老人永远充满活力”，最后被科隆大学授予教育学博士学位。小城的市民们，无不对这位孜孜不倦的老人赞叹不已，由此她还当选为该城“最伟大女性”。

而前不久，玛克司夫人作为嘉宾，参加了德国著名电视主持人迪沃累克主持的一次脱口秀节目。于是全国范围的观众都认识了这名戴着大框架眼镜、说话有条不紊又颇富幽默感的老人。

玛克司夫人退休之前长期在一家公司任职，是个活跃、开朗的女士。退休之后，不甘寂寞的她先是上了一个法语班。后来在报上看到科隆大学招收老年大学生的广告，便勇敢地报名成为正式大学生，当时她已满65岁。

据她自己披露，第一学期的学习让她最难以适应。因为上中学时，课程和课表都是由学校或教师制定的，而这回，一切都得自己安排。在渡过最初的难关之后，她越学干劲越大，而且凭借着年轻时积累的丰富知识和打下的良好的学习基础，成绩居然经常在班上遥遥领先。平时她和年轻人一样身穿运动装或牛仔服，还常常和同学们一起参加游戏或体育运动。她坚持每周参加一次。她在入学的第三年就学会了电脑操作，还积满了所需要的足够学分。

不过她并没忘记时不时忙里偷闲地回家操持家务，并尽量抽空陪伴夫君进餐。同学们惊奇地发现，在她念书期间，竟然做到了学习、家庭两不误！

玛克司夫人的博士学位论文研究的是老年妇女如何才能安度晚年。玛克司夫人曾深入多个养老院和普通家庭，采访了 34 名终身学习的老年妇女。

由于她是她们的同龄人，她们几乎毫无例外地向她倾诉了第二次世界大战遗留在自己心灵深处的创伤，以及进入老龄之后感觉到的孤独、失落等负面情绪。

而正是老年时代孜孜不倦的学习，使她们的晚年生活异常充实和快乐，有的还因此而克服了酗酒、吸毒或依赖药物等恶习。她认为，进入老年后大脑的“锻炼”尤为重要，如背诵歌词和外语单词就是很好的锻炼大脑的方式。在论文中她强调，每个人都会变老，这是不可避免的自然规律，但如何度过晚年却可以由自己决定。

现在，玛克司夫人每天都会收到大量来信，其中也不乏来自年轻人的。一名 30 多岁的少妇在信中写道：听了您老人家的故事，我们再也不怕变老啦！

多“充电”，掌握瞬息万变的信息，一方面对工作有利，另一方面在人际交往上也会有丰富的谈资。能够适时地参与大家热衷讨论的话题，有利于巩固与上级、下级乃至合作伙伴的关系。这个时候并不是要有针对性地学习“充电”，广泛地通过电视、网络掌握相关的信息更加有效。

未定胜，先思败

在做事情的时候，要对失败有思想准备，对困难有提前认知，怎么计划都不过分，这样在遇到问题的时候，你就不会觉得那么难以接受，你也会更清楚要如何去处理。

2007 年 12 月，李嘉诚接受《商业周刊》访谈时留下了一篇感悟，他通过这篇感悟告诉大家，他成功的秘诀不在于他比别人成功的次数多，而是因为，他失败的次数比别人少。下面，我们来看看李嘉诚的感悟：

风和日丽的时候，假设你驾驶着以风力为推动的远洋船，在离开港口时，你要先想到万一悬挂 10 号风球，你怎么应付。虽然天气蛮好，但是你还是要估计，若有台风来袭，在风暴还没有离开之前，你怎么办？

我会不停研究每个项目面对可能发生坏情况下出现的问题，

所以我往往会花90%的时间考虑失败。

就是因为这样，这么多年来，自从1950年到今天，长江实业并没有碰到贷款紧张，从来没有。长江实业从上市到今天，假设股东拿了股息再买长实，现在能赚2000多倍。就是拿了股息，不再买入长实，股票也超越1000倍。

从前我们中国人有句做生意的话：未买先想卖。你还没有买进来，你就先想怎么卖出去，你应该先想失败会怎么样。因为成功的效果是100%还是50%，差别根本不是太重要。但是如果一个小漏洞不及早修补，可能带给企业极大损害，所以，当一个项目发生亏蚀问题时，即使所涉金额不大，我也会和有关部门商量解决问题，所付出的时间和精力都是远远超乎比例的。

我常常讲，一个机械手表，只要其中一个齿轮有一点儿毛病，你这个表就会停顿。一家公司也是，一个机构只要有一个弱点，就可能失败。

了解细节，经常能在事前防御危机的发生。现金流、公司负债的百分比是我一贯最注重的环节，也是任何公司的重要健康指针。任何发展中的业务，一定要让业绩达致正数的现金流。就像是军队的统帅必须考虑退路。例如一个小国的统帅，本身拥有两万精兵，当计划攻占其他城池时，他必须多准备两倍的精兵，就是六万。因为战争激活后，可能会出现很多意料不到的变化；一旦战败退守，国家也有超过正常时期一倍以上的兵力防御外敌。

任何事业均要考量自己的能力才能平衡风险，一帆风顺是不可能的。过去我在经营事业上曾遇到不少政治、经济方面的起伏。我常常记着世上并无常胜将军，所以在风平浪静之时，好好计划未来，仔细研究可能出现的意外及解决办法。这一切的关键在于要做足准备功夫、量力而为、平衡风险。我常说“审慎”也是一门艺术，是能够把握适当的时间做出迅速的决定，但是这不是议而不决、停滞不前的借口。

经营一家较大的企业，一定要意识到很多民生条件都与其业务息息相关，因此“审慎”经营的态度非常重要，比如说现在有个收购案，所需的全部现金就要预先准备。

我是比较小心，曾经经过贫穷，怎么会再去冒天大的险？你看很多人一时春风得意，一下子就变为穷光蛋。我绝对不会这样做事，我都是步步为营。

有一句话，我牢牢记住：“穷人易过，穷生意难过。”你再穷，你吃不起好的白米，你可以买最便宜的米，还是可以过。人家吃肉，你可以吃菜，吃最便宜的菜；但是穷生意很难，非常难。所以务必小心翼翼，说如履薄冰也不为过。

这就是李嘉诚的感悟——用90%的时间考虑失败。世事无常，没有人能永远保持不败，在行动之前，我们要好好计划未来，仔细研究失败，花时间去分析可能失败的原因。

正如古人说“未思进，先思退”。在做事情的时候，要对失败有思想准备，对困难有提前认知，怎么计划都不过分，这样在遇到问题的时候，你就不会觉得那么难以接受，你也会更清楚要如何去处理。

“未定胜，先思败”并不是悲观主义，只是“谋定而后动”中“谋”的一部分。做出选择和决定的时候都应该先想想这样做的后果，包括成功的后果和失败的后果。如果认为失败的后果也可以承担，再做出决定，这样能够避免因为失败带来的冲击而一蹶不振。不过值得一提的是，考虑失败的后果是必要的，但是并不代表要被失败吓倒！或许考虑过了失败的后果，更能坚定你获得成功的决心。毕竟背水一战并不都像项羽一样，很多人激发了自己的潜能从而取得了成功。

第十章 愿你与这个世界握手言和

活着，就要活出自己的样子

也许有一天，我们会不住地感叹，原来生命是个很神奇美妙的过程，活着就要努力让自己活出个人样。人生匆匆走一遭，不枉白活一场。

人生在世，活着，就要活出个样来。每个人不论富贵贫贱，都要积极地面对生活，对生活充满希望，无论遇到怎样的艰难困苦，都要积极主动地去争取属于你的美好人生，对生活充满希望和信心，相信自己一定能活出属于自己的人生。任何时候，当你用积极的心态面对生活，你自然就会活出属于你的样来。

罗纳德·里根是一个演员，但是他不甘平庸的人生，他要求自己像社会上最优秀的人那样活着。从22岁到54岁，里根从电台体育播音员到好莱坞电影明星，整个青年到中年的岁月都投身于文艺圈内，对于从政完全是陌生的，更没有什么经验可谈。这一现实，几乎成为里根涉足政坛的一大拦路虎。然而，当机会来临，共和党内的保守派以及一些富豪竭力支持他竞选加州州长时，里根毅然决定放弃大半辈子赖以为生的影视职业，决心开辟人生的新领域，因为有两件事树立了里根进入政界的信心。

一件事是他受聘担任通用电气公司的电视节目主持人。为办好这个遍布全美各地的大型联合企业的电视节目，并通过电视宣传，改变普遍存在的生产情绪低落的状况，里根不得不用心去做，花大量时间巡回在各个分厂，同工人和管理人员广泛接触，这使得他有大量机会认识社会各界人士，全面了解社会的政治、经济情况。人们什么话都对他说，从工厂生产、职工收入、社会福利到政府与企业的关系、税收政策，等等。

里根了解这些现状后，通过节目主持人的身份反映出来，立刻引起了强烈的共鸣。为此，该公司的董事长曾意味深长地对里根说："认真总结一下这方面的经验体会，然后身体力行地去做，将来必有收获。"这番话无疑为里根产生"弃影从政"的信心埋下了种子。

另一件事发生在他加入共和党后，为帮助保守派竞选议员，募集资金，里根利用演员身份在电视上发表了一篇题为"可供选择的时代"的演讲。因其出色的表演才能，大获成功。演讲完后立即募集了 100 万美元，以后又陆续收到不少捐款，总数达 600 万美元。《纽约时报》称之为美国竞选史上筹款最多的一篇演说。里根一夜之间成为共和党保守派心目中的代言人，声誉日渐高涨。

这时候，传来更令人振奋的消息，里根在好莱坞的好友乔治·墨菲，与担任过肯尼迪和约翰逊总统新闻秘书的老牌政治家塞林格共同竞选加州议员。在政治实力悬殊的情况下，乔治·墨菲凭着 38 年的舞台银幕经验，唤起了早已熟悉他形象的老观众们的巨大热情，意外地打败了塞林格大获全胜。原来，演员的经历不但不是从政的障碍，而且如果运用得当，还会为争夺选票赢得民众发挥作用。里根发现了这一秘密，便首先从塑造形象上下功夫，充分利用自己的优势吸引了众多选民。有人说里根运气极佳，其实，里根的“运气”都是他信心坚定的结果。

活着是一种福分，可以享受人生的喜怒哀乐，可以看看这个花花世界；也许有一天，我们会不住地感叹，原来生命是个很神奇美妙的过程，活着就要努力让自己活出个人样。人生匆匆走一遭，不枉白活一场。

如果你选择放弃机会，也不过“岁月静好，现世安稳”，选择再拼搏一次，也不过是“老骥伏枥，志在千里”。关键是要活出自己的样子，而不是随波逐流。

远离“站队”与是非

远离“站队”，远离公司领导变更交替的是是非非。如果没必要，最好远离“站队”，脚踏实地地做好自己的本职工作，努力提升自己的核心竞争力，这才是职场发展的王道。

一个人的成长离不开环境。环境对个人的成长、成才与成功是至关重要的，可大家常常忽略了“领导”这个因素，其实“领导”也是我们的环境，当我们身处在“领导”这个环境下，无时无刻不被这种环境所影响着。无论我们身处哪里，我们的顶头上司不可能只有一个，你无法选择你的领导，更无奈的是，你还得被迫做道选择题，到底跟着A还是跟着B，就是办公室政治中一个无法回避的问题——站队。

刚一进这家公司，蒋昊就面临着这样棘手的问题：经理肯定是最终拍板的那一位，资历颇深，从事汽车销售行业已15年有余，且已掌控西南这个分公司近5年时间了；而副经理有财权有背景，据传其与董事长千金是同一届MBA的同学，情谊深厚。对于经理这个位置，大有志在必得的架势。在月底的销售总结会上，正副两位经理之间的言语常常充满了火药味。虽然不是职场新人，但对于公司来说，蒋昊算是个新来的。新来的就要看清形势，找个靠山，不是早有“职场圣经”说：混得好不好，关键在“站队”。来公司已经两个多月了，看到正副两位经理都对自己不咸不淡、若近若远，蒋昊觉得自己必须做出决断了。

凭借各方打探来的消息，蒋昊认为副经理乃是值得投资的“潜力股”，等他把“副”字去掉，好歹自己也算一“开国元老”。经此一番利弊权衡，蒋昊在第二天就开始了“站队”计划。在电梯里碰到副经理，甜甜的一声招呼后，他又加了一句：“听完您在总结会上的一番言辞，我觉得受益匪浅，以后请经理多指教呢！”果然一向只是客气点头的副经理脸上显出了对待自己人的笑意。此后数次业务会上，副经理也对蒋昊的表现当场提出表扬。至于经理大人冷眼旁观的态度，“站队”成功的蒋昊也自动忽略不计了。

转眼到了年底，蒋昊从人事八卦中得到小道消息，高层已经通过决议，副经理这次肯定升职了。事实上确是如此，只不过人家是高升到了华北区域当经理，而蒋昊的经理还是那个经理，山水却已不再是那些山水了。

几个月后蒋昊离职了，被朋友问及原因，在唏嘘感慨“站错队”于职场是谋篇布局上的战略失误时，蒋昊也没忘痛陈一下经理对他这位另一“队列”中人的各种无视和冷遇：简直拿我当透明人嘛！

一朝天子一朝臣，任何公司领导或者管理团队的交替更换，必然带来的是“血液”的流动和更新。职场“站队”，不见得有什么好处，站错了肯定是没什么好下场，前期的努力奋斗将毁于一旦。毕竟，对于大多数人来说，与领导、同事之间还是能够和睦共处、融洽协作的，所以不一定要选择“站队”才能在职场生存。站对了，或许能给你的职业生涯带来有利的变化，但是朱元璋还是要杀胡惟庸；而且选择站哪一边本身就不是一件容易的事。所以“站队”其实是一场豪赌，不到万不得已自然没有必要尝试，用自己的职业生涯去赌，而获利却并不是想象中那么丰厚。

当你年轻时，或许是被逼无奈要选择阵营，又或者为了要成就自己的野心必须做出抉择。但是不管是宦海沉浮还是商海打拼，当你的各种资源已经积累到一定程度，甚至有的人已经开辟了自己的天地时，不要被机遇冲昏头脑，现在还要选择“站队”，静下心来计算或许机会成本太高，并不是明智之举。

远离“站队”，远离公司领导变更交替的是是非非。如果没必要，最好远离“站队”，脚踏实地地做好自己的本职工作，努力提升自己的核心竞争力，这才是职场发展的王道。

保持一颗年轻的心

不用害怕年华的逝去，永远保持一颗年轻的心，并不断地给自己“充电”，让自己更优秀更充实。这样，当炫目的青春远去之后，你还会拥有在岁月流逝中获得的越来越动人的风华。

任何人都要经历少年、中年、老年的生命流程，这是自然规律，就像四季的更替，没有什么力量可以改变，但是请不要害怕年老，因为那是完整人生的一部分。

但是，我们还可以保持一颗年轻的心，充满活力地去迎接每天的生活。年轻的心态并不与成熟的头脑相冲突。恰恰相反，能够成就一件事情最理想的状态，是在感性方面充满年轻人的激情，在理性方面有成熟睿智的头脑指挥。所以年华逝去并不可怕，可怕的是心随着年岁的增长慢慢衰老，已经对工作失去了以往的热情，对生活也失去了乐趣。这种心灵的衰老就似水源的干涸，失去了生命原有的律动。

年轻是一种心态，请保持一颗年轻的心。我们偶尔在匆匆的人群中，看到一些已年过半百的老人，依旧有着年轻的心和健康的体魄，与年轻人一样充满生气；可是有的人正值韶华，却一身疲惫，未老先衰，恰似劲风吹落的败叶。岁月可以催生根根白发，却不能摧毁头脑中的创造潜力；时间可以刻出满脸的皱纹和寿斑，却无法为心灵刻上一丝痕迹。年轻也好，年老也罢，皆因心态使然。

78 岁的印度阿婆钱德罗·托马尔家住印度北方邦一个名为朱赫里的小村庄，她有三个女儿、三个儿子，还有几个孙儿，一家人住在一起其乐融融。平时，作为母亲和祖母的托马尔负责料理家务。

10 年前，托马尔的孙女南德娜怀着成为职业射击运动员的梦想，在距离朱赫里村不远的镇上学习射击。一个周末的中午，托马尔前往射击俱乐部给南德娜送饭。刚走到射击俱乐部门口，便迎面碰上摔门而出、怒气冲冲的南德娜。托马尔和蔼地问："孩子，你这是怎么了？""奶奶，我刚才比赛又是倒数第一名，我已经连续三次得最后一名了。我太笨，不学了！"南德娜委屈地说。

托马尔知道南德娜酷爱射击，中途放弃实在可惜，就说了很多安慰和鼓励的话，可任凭她怎么劝说，南德娜就是听不进去。

无奈之下，托马尔灵机一动：若连我一个老太婆也敢于挑战射击的话，那她还有什么理由放弃呢？再说，射击看起来不是挺酷的吗？于是，托马尔以商量的口吻对南德娜说："如果我也参加射击训练的话，你是不是继续学习呢？"南德娜认为奶奶是在开玩笑，于是随口说："如果您也练射击，那我就继续学。"可当阿婆领着南德娜走到教练办公室，表明了想法后，南德娜才知道阿婆是要来真的。教练望着满脸皱纹的托马尔，疑惑地说：“您这个年纪，看报纸都费力，还想学射击？”托马尔坚定地说：“这个不用担心，我身体非常好，肯定没问题！”教练被托马尔的执着感动，答应了她的请求。

就这样，托马尔利用做家务之外的时间，和南德娜前往射击俱乐部学习射击。每当托马尔走进训练厅，一些调皮的孩子就会起哄，嘲笑托马尔说：“世界上最老的‘女神枪手’来啦！”托马尔并不以为意，总是以慈祥的眼神回应这些不懂事的孩子。

除了在射击俱乐部学习外，托马尔还下功夫在家里自己训练。对于射击而言，最重要的是瞄准靶心，托马尔自创了些“土办法”来练习。为了使枪身平稳，她就在枪口上方放置了个小木块，只要有轻微的晃动，木块就会掉下来。托马尔还捡了很多石头子和空矿泉水瓶，练习时，就用石头子投掷放在远处的矿泉水瓶，以致家中院子里总会有四处散落的石头子和矿泉水瓶。儿女们知道她是为了鼓励南德娜才这么做，所以都表示理解和支持。

托马尔将休息时间几乎全部用于学习射击，放弃了看电视、看报、听音乐等休闲娱乐活动，但她仍感到十分开心。因为她既享受到射击的乐趣，又鼓励了孙女南德娜。

随着时间的推移，托马尔的射击水平越来越好。射击俱乐部那些嘲笑她的声音也逐渐消失了，越来越多的人对这位老人刮目相看，她的孙女在她的影响下，射击成绩逐渐好转。2005 年，托马尔在印度钦奈举行的退伍军人射击锦标赛中，击败专业选手拿到了金奖。这个消息经过媒体报道后，在印度引起轰动。之后的 7 年时间里，托马尔还曾在警察射击比赛中击败专业神枪手。落败者甚至包括德里警署的监察长。

托马尔的事迹鼓舞了很多人，许多在射击俱乐部学习射击打算中途放弃的人，因为她的鼓励重整旗鼓，后来找到了好工作。鉴于此，印度媒体将托马尔老人称为“印度国宝”。

托马尔虽然已经78岁了，却有一颗年轻的心。为了鼓励孙女继续学习射击，她也开始学习射击，最后在印度射击锦标赛中击败了专业选手拿到了金奖。她的身体虽然已经老去，可是她一直保持着年轻的心态，让她拥有了和年轻人一样的冲劲和活力。

年轻是人生中的一段美好时光，它闪现出光华四射、英姿勃发的美丽后便匆匆消失，无论你如何刻意地追赶、呼喊，它也一去不返。但是，我们的心可以永远年轻，可以将过去所有的痛与不痛统统抛到身后，重新赋予生命一种全新的意义，用真挚的感情、年轻的心态感受年轻的活力和魅力。

不用害怕年华的逝去，永远保持一颗年轻的心，并不断地给自己“充电”，让自己更优秀更充实。这样，当炫目的青春远去之后，你还会拥有在岁月流逝中获得的越来越动人的风华。

能进能退，进退有序

俗话说：“大丈夫能屈能伸。”韬光养晦、卧薪尝胆往往是中国古代帝王心术中不可或缺的元素。其实我们每个人亦是如此。

人生如棋，弈无同局，一念之差，千变万化，黑白两子在棋盘间尽情博弈，一局棋从序盘落子，中盘进退，到尾盘收官，每一步都反映个性、关乎胜负，攻守平衡、进退有序，方才是取胜之道。

人生的这盘大棋中，能进能退、攻守自如的人实在是凤毛麟角。有的人喜欢进攻，做事总是以积极出击，从不想好后路，往往顾此失彼，他们却忘记了“刚则易折”的道理；而有的人做事喜欢防守，往往遇到事情才会想办法去解决，所以在生活中，他们经常是被动挨打，一败涂地。其实，攻守平衡，进退自如，才是棋手的最高境界。棋道如是，人生成败之道亦然。

魏末，爆发了六镇起义。年轻的宇文泰随父参加了鲜于修礼领导的起义。

不久，鲜于修礼为葛荣所杀，宇文泰又成为葛荣的部下。后来情况又发生了变化，尔朱荣杀死了葛荣并取而代之。尔朱荣早就注意到宇文兄弟的与众不同，担心智勇双全的宇文兄弟会成为自己的隐患，不久就找了个莫须有的罪名杀害了宇文泰的三哥洛生，并设下圈套想进一步加害宇文泰。

面对十分凶险的情况，年轻却有城府的宇文泰不露声色，他将失兄的悲愤藏于心底，面对尔朱荣慨然以对，激昂陈词，不仅打消了尔朱荣担心他造反的疑虑和杀人的念头，而且使尔朱荣对自己敬重有加。在军阀割据的动乱年代，你死我活的火并事件层出不穷。一路军的将军被刺杀，使该部出现了群龙无首的局面。

这次事件，为宇文泰的崛起提供了一个绝好的机会。面对突如其来的良机，宇文泰自然大喜过望。

不过，一向不露声色的宇文泰并没有马上行动，他还是很慎重地和谋士们权衡了利弊，分析之后认为，对手毫无统军之勇，应该果断地抓住时机接管该部。对这支部队一直怀着觊觎之心的北魏丞相高欢，在得到该将死讯后也很快派出了侯景前往接管。

于是，宇文泰与侯景在途中相遇了。宇文泰豪迈而自信地质问侯景："岳公（已死将领）虽然死了，但宇文泰尚在，你想怎么样？"侯景面对宇文泰咄咄逼人的锐气大惊："我只不过是一支箭，身不由己，由人发射而已。"说完就转身离开了。也就在这一年，北魏孝武帝与丞相矛盾激化，宇文泰趁机率部迎接元修进入长安。进入长安之后，孝武帝以宇文泰有功，任命宇文泰为西魏最高统帅总揽朝中政治、军事大权。从此，宇文泰开始了辅佐天子、号令天下的权臣生涯。

宇文泰的成功之处在于，在他势单力薄的时候，即使自己的三哥洛生被尔朱荣所杀，他也能韬光养晦、不露声色地打消尔朱荣的戒心，并得到他的重用；而在机遇面前，他能积极进攻、毫不退让，牢牢地将机会抓到自己手中。

棋局中有各种各样的角色，围棋高手们都知道，任何一个棋子都是关键的，胜败也在一棋之间。人生这盘大棋中，重要的不是自己是什么身份或处于什么样的境地，关键在于进退自如。从某种意义上说，做人的本质就是知道进退。人的一生就是竞争、调和的过程，学会了进退才能成为人生的棋艺高手。人生如棋，在进攻时不忘防守，给自己留一条后路，当进则进，当退则退，才是智者的选择。能进，不失为勇；而退，则更显出智慧的一面。其实，退是一种谋略，退是一种交换，更是一种维系生存的手段。退能保身，退能成事，退是大勇，更是大智。真正的英雄，能进能退，进退自如，于是不败！只退不进，是懦夫；只进不退，是莽夫。能进能退、进退有序，方才是成功之道。

俗话说："大丈夫能屈能伸。"韬光养晦、卧薪尝胆往往是中国古代帝王心术中不可或缺的元素。其实我们每个人亦是如此。所以并不是说"能进能退"即是完美，还要做到进退有度。什么时候猛烈进攻，什么时候乘胜追击，什么时候镇守关隘，什么时候弃城而去，关键就在时机。其实这个时候一方面是直觉，另一方面是对形势的掌握和分析。看清形势，合理分析利弊，采取适宜的进退方式才是我们应该练就的本领。

一张一弛，不要做一根绷紧的弦

张弛有度，一张一弛方得长远。该紧张工作的时候要全身心地投入到工作中去，当闲暇时光到来又能彻底放松而不考虑让人徒增压力的事情。这样做最有利的是能够有效地提高工作效率，同时保持身体健康。

生活的快节奏，给我们无处不在的压力，让当代人就像一根绷紧的弦，而这根弦很多时候无法松下来，因为压力源总是客观存在着。

我们能做的是“解”压，在紧张的人生中学会让自己放松，来解决压力的负面影响，增强自我抗压能力。一张一弛皆有度，只有学会让自己能够松弛有度，人生之路才能走得长久。

仙人掌是一种生活在沙漠地区的耐旱植物，在干旱的热带沙漠地区，水分奇缺，不要说人类难以在那里居住，就连其他生物也极其稀少。可是，耗水极少的仙人掌，却被赋予得天独厚的抗旱本领，能够战胜那里的骄阳和热风，把热带沙漠风光点缀得更加壮观美丽。

有人曾做过一个实验：把一棵37.5公斤重的仙人球放在室内，一直不浇水。过了6年，那棵仙人球仍然活着，而且还有26.5公斤重。也就是说，经过6年时间，它只消耗了11公斤水。也曾有人发现，一棵在博物馆里活了8年的仙人掌，平均每年因生长而消耗掉的水分，仅占其总贮水量的7%。

仙人掌是怎样节约用水，抵抗干旱的呢？为了减少蒸腾的面积，节约水分的“支出”，叶片已经慢慢地退化变成了针状或刺状。绿色扁平的茎也披上了一件非常紧密的“外衣”——角质层，里面还分布着几层坚硬的厚壁组织，这样就有效地防止了水分的散发。为了减少水分蒸发，仙人掌表皮上的下陷气孔只有在夜晚才稍稍张开，这样便大大地降低了蒸腾速度，防止水分从身体里跑掉。

仙人掌的茎长得厚厚的，变成肉质多浆，简直成了一个大水库。如果遇到一次阵雨，那又深又广的根系就拼命吸收，同时茎把输送来的大量水分贮存起来，以供常年干旱的需要。墨西哥有一种巨柱仙人掌，长得像一根根大柱子，有几十米高，体内能贮藏1吨以上的水分，过路人常常砍开仙人掌来解口渴。

经过这一加一减，仙人掌就有效地保持了体内的水分平衡，成为沙漠里一道亮丽的风景，给枯寂荒芜的沙漠带去了生命的绿意。我们也要学会给人生压力一加一减，让生命和精力维持平衡。

我们每天要喝水，喝水就要有杯子，无论是什么样子的杯子，拿在手里，即使装满水并不觉得有多重，可是如果我们一直拿着这个杯子不放，结果会怎样？拿一分钟，谁都可以做到；拿一个小时，可能觉得手酸；拿一天，可能就得进医院了。其实杯子的重量是没有改变的，但是我们拿得越久，就越觉得沉重。这就像我们承担的压力一样，如果我们一直把压力放在身上，不管时间长短，到最后就会觉得压力越来越沉重而无法承担。我们必须做的是放下这杯水，休息一下后再拿起，如此才能拿得更久。所以，你应该将承担的压力于一段时间后适时地放下并好好地休息一下，然后再重新拿起来，如此才可承担更久。

张弛有度，一张一弛方得长远。该紧张工作的时候要全身心地投入到工作中去，当闲暇时光到来又能彻底放松而不考虑让人徒增压力的事情。这样做最有利的是能够有效地提高工作效率，同时保持身体健康。当工作摆在面前，我们不应当插科打诨，应当集中精力完成；但是当休息时间到来，我们也不必再挂念烦心的工作，尽量地放松休息。这是保持精力的好办法，劳逸结合方为上策。

当然张弛有度的关键在于“度”，就像琴弦、皮筋，不能绷得太紧，不然就断了，所以掌握好度在哪里非常重要。讲白了，张弛有度，也无非是要选择适宜的时间点，并且准确地估计自己的极限。

众所周知，不管你在闲暇时间选择放松还是选择继续绷紧神经，工作的时候你都不能懈怠。紧张的工作充斥着我们每天的生活，什么时候应当放松，什么时候可以选择为更好的工作做一些准备，这个就要看我们能够承受到什么程度。现在我们的身体实际上已经开始走下坡路，所以这个松弛的时间并不是到了极限就最好，恰恰相反，已经超过了九分力的时候就要考虑放松自己，让自己得到充分的休息。就像之前所说，一方面是对自己的健康负责，另一方面则是对自己的工作负责。

站的位置，未必决定你看到的东西

谨记你站的位置不一定决定你看到的东西，同理，也不要让你的位置束缚了你的远见或者阻碍了你的观察。

有人说：“站的高度决定了你看到的风景。”这是对人鼓励的话，鼓励人要找到适合自己的位置，甚至说要尽量往更高的位置上爬，才能拥有“一览众山小”的视野和观感。

但事实上，你站的位置，未必决定了你能看到的东西。站得高自然风景好，但是不易看见离脚下最近的东西；而且不同的人面前的风景之于他亦不同。

其实，一个人的位置并非全部由自己决定，有时候不经意地抓住了机遇，于是你站在了今天的位置，但是永远存在比你更能胜任的人，同在一个位置，也会看到不一样的东西，所谓胜任不胜任，也无非是因为看到的东西不同而做了不同的决定。这种时候你的位置不决定你看到的东西，而是你看到的东西决定你是否还能站在现在的位置。

站在什么位置，未必决定了你看到的东西。偏听偏信、一意孤行都不是明智的决定。你是公司里不大不小的领导，你应该对你手下人的工作情况甚至擅长的领域非常熟悉，这是你所在的位置决定你应该看到的东西；同时，你也可能无法了解私下里手下的员工是什么样的性格、有什么样的喜好。

但是，这并不代表你站在那个位置，后者你就完全无法掌握。是否能够发现员工的小习惯里透露出来的精神面貌，是否能从员工完成事情的方法看出他的性格，其实都要靠观察分析能力。你是领导的时候，你的位置决定了你有考察员工的可能，但是观察力强的人不需要坐在领导的位置也能从与别人的相处中洞悉他的能力。

所以真正决定你看到的东西的是你的洞察力、观察力，而不是你所处的位置。所以与其去思考要站在什么位置，不如锻炼自己的观察力。

所谓“看到的东西”其实带有一定的主观性，这个时候客观的位置虽然有一定的作用，但是不见得能够决定什么。

你所处的位置不仅由你某一方面的能力决定，但如果当你做出判断的时候只仰赖这一种能力，这个时候你的位置和你的决策多少都会有一些偏差，并不能完全对应。所以你的学识、洞察力、性格往往也会影响你能看到的东西。

乐观主义者和悲观主义者面对问题时看到的东西就明显不同；运筹帷幄的策略家更擅长宏观地把握事物的方向，敏感细致的观察者更容易从微观上注意事物的细节；这些看到的不同的东西不一定由你的位置决定，甚至可能就是你看到了什么样的事物决定了你处在什么位置。

所以，谨记你站的位置不一定决定你看到的东西，同理，也不要让你的位置束缚了你的远见或者阻碍了你的观察。你可以比同样站在这个位置的人看得更远，也可以比同样站在这个位置的人观察得更细。这些因素往往才是脱颖而出赢得成功的关键。

泰山崩于前而不惊

镇静能让我们拥有一颗平常心，遇事能冷静处理，以不变应万变。正如美国前总统尼克松所说，在处理危机的过程中，决定胜负成败的是在情绪激动时仍能够头脑冷静。

苏洵《心术》曰：“为将之道，当先治心。泰山崩于前而色不变，麋鹿兴于左而目不瞬，然后可以制利害，可以待敌。”

“泰山崩于前而不惊”，是一个人成功必备的心理素质。1914年，一把火烧光了爱迪生的实验室，他站在废墟上说：“现在我们又可以重新开始了！”可敬可叹，拥有这样镇静的心态，爱迪生的成功是必然的。在遇到紧急情况的时候，只有冷静从容、处事不惊，才能稳定住自己的情绪，找出问题的关键、化解危机。

一个博物馆被盗了，丢失了10件珍贵的文物。好在一枚珍贵的钻戒没有被盗。警方经过多次努力也找不到线索，这时一直很冷静的博物馆馆长却提议让电视台采访他。

于是电视上播出记者采访博物馆馆长的镜头。记者说：请问这次失盗共丢失了多少件文物？馆长答：共丢失了11件文物。记者问：这些文物都很珍贵吗？馆长答：是的，都很珍贵，特别是一枚钻戒价值连城！

时隔不久，警方就查到了线索，顺利地破了案。线索的来源很简单，几个盗贼在殴斗时被警方抓获，而他们殴斗的原因竟然是互相猜疑究竟是谁私藏了第11件文物——那枚钻戒。

镇静出智慧，博物馆长的故意声张让几个盗贼因互相猜忌而大打出手，最终因为斗殴而被警察抓住，让博物馆顺利找到失窃的文物。对人生而言，拥有“泰山崩于前而不惊”的镇定，是人生一笔宝贵的财富。它会让我们清楚地认识到，人生一旦出现乌云盖顶、万分危机的情况，焦虑、后悔非但于事无补，有时还会使事情变得更糟，而恰如其分的镇静才能够让我们稳住阵脚、挽回损失。

有一个巨商，为躲避动荡，把所有家财置换成金银细软，并特制了一把油纸伞，将金银小心地藏进伞柄之内，然后把自己打扮成普通百姓，带上雨伞准备归隐乡野老家。不料途中出了意外，他打了一个盹儿，醒来之后雨伞竟然不见了！巨商毕竟经商数年，他不露声色地仔细观察，发现随身携带的包裹完好无损，断定拿雨伞之人肯定不是专业盗贼，估计是过路人顺手牵羊拿走了雨伞，此人应该就在附近。

于是，巨商就在此地住了下来，购置了修伞工具，干起了修伞的营生。春去秋来，一晃两年过去了，他也没有等来自己的雨伞。但是巨商在修伞的过程中，了解到有些人的雨伞坏得不值得一修的时候，就会重新买雨伞。巨商于是又改行“旧伞换新伞”，并且换伞不加钱。一时间前来换伞的人络绎不绝。

不久，有一个中年人夹着一把破旧的油纸伞匆匆赶来，巨商接过一看，正是自己魂牵梦萦的那把雨伞，伞柄处完好无损，巨商不动声色地给了那人一把新伞。那人离去之后，巨商转身进门，收拾家当，从此消失得无影无踪。

“泰山崩于前而不惊”的镇静是一种智慧，更是一种韧性。镇静能让我们拥有一颗平常心，遇事能冷静处理，以不变应万变。正如美国前总统尼克松所说，在处理危机的过程中，决定胜负成败的是在情绪激动时仍能够头脑冷静。危机时保持镇静，是行动中坚决果断的必要条件。

凡事不可操之过急

一粒种子，就是要慢慢成熟，谁也决定不了它成长的速度。还原世界本来的面目，凡事不可操之过急，一切慢慢来。“急”并不能改变自己面临的处境，反而不利于自己的思考。

人生有如负重致远，不可急躁。现实中，一个真正有大智慧的人，在日常生活中，一定是举止端庄大方、稳重安详，绝对不会心浮气躁。

这个世界上，有很多事情，急是急不来的，造物主对世事的安排，都是水到渠成的。正如春播秋收，春天播下种子要到秋天才收获，揠苗助长的事情到头来只会是一场空。所以，凡事不可操之过急。

三伏天，禅院的草地枯黄了一大片。

“快撒点儿草种子吧！好难看！”小和尚说。

“等天凉了。”师父挥挥手，“随时！”

中秋，师父买了一包草籽，叫小和尚去播种。

秋风起，草籽边撒边飘。“不好了！好多种子都被吹飞了。”小和尚喊。

“没关系，吹走的多半是空的，撒下去也发不了芽。”师父说，“随性！”

撒完种子，跟着就飞来几只小鸟啄食。“要命了！种子都被鸟吃了！”小和尚急得跳脚。

“没有关系，种子多，吃不完！”师父说，“随遇！”

半夜一阵骤雨，小和尚早晨冲进禅房：“师父！这下真完了！好多草籽被雨冲走了！”

“冲到哪儿，就在哪儿发芽了！”师父说，“随缘！”

一个星期过去了，原本光秃的地面，居然长出许多青翠的草苗，一些原来没有播种的角落，也泛出了绿意。小和尚高兴得直拍手。

师父点头：“随喜！”

成功就是那些草籽，顺其自然，不怨怼、不躁进、不过度、不强求，方是成功之道。现在的社会风气似乎就是急功近利的，急于求成的心理每个人都有。

人们总是太心急，急着赚钱、急着成功、急着买房、急着买车……很多人都患上了都市焦虑症，别人都已经功成名就了，而我还要每天挤着地铁去上班，大多数人都活得痛苦且辛苦。

一粒种子，就是要慢慢成熟，谁也决定不了它成长的速度。还原世界本来的面目，凡事不可操之过急，一切慢慢来。“急”并不能改变自己面临的处境，反而不利于自己的思考。

其实操之过急的重点在“过”字上，所以遇事有点儿急是人之常情，而且稍微有点儿急的情绪容易提高办事效率，所谓急中生智即是如此。但是不可“过急”，过犹不及，往往误事。

不管遇到工作上的事，还是生活中的事，即使在五分钟内就要做出决定，也不要放弃思考分析，立马给出答案。多一分钟思考，或许不一定能想出最好的解决方法，但至少能够避免一种错误的做法。